プレゼン基本の基本

心理学者が提案するプレゼンリテラシー

下野　孝一
吉田　竜彦 ● 共著

コロナ社

は じ め に

　あなたはいま，大きな会場で有名なプレゼンター（本書ではプレゼンをする人をこう呼びます）の登場を待っています（**図 0.1**）。会場は少し暗く，ステージの上だけが明るくなっています。彼のように話せるようになりたいなぁ…。あなたは憧れを抱きつつ彼の話に聴き入ります。彼のようになれるでしょうか。

図 0.1　憧れのプレゼンター

　もちろんなれます。技術と戦略が必要ですが。でも本書はいきなりステージ上の彼のようになるための本ではありません。この本の対象は初心者です。特に，まだあまり他者の前で自分の考えや，自分の仕事について発表（プレゼンテーション，本書ではプレゼンと略します）をしたことがない人が，最初に知っておくべきことが書いてあります。大学生がゼミや卒業論文発表会で行うプレゼンに必要な，また新入社員が同僚や上司に対して，あるいは顧客に対して行うプレゼンに必要な，最も基本的なことが書かれています。

　本書の目的はあなたにプレゼンに関する基本的な技術を身に付けてもらうことです。あなたがこの本に書かれていることを実践し，満足のいくプレゼンを人前で示すことができれば，本書の目的は達成されます。もちろん卒業論文の発表の仕方は学問分野によって多種多様であり，就職してからのプレゼンのやり方も職種や提案先，提案する内容によってさまざまです。しかしそれでも，大多数のプレゼンには共通となる基本的な考え方があるのです。本書を読んでその基本的な考え方を知り，それを実現する技術を身に付け，あなたを評価する立場にある人（例えば，上司，顧客，先生など）に自身をアピールしてください。繰り返します。本書の目的は，あなたにプレゼンの基本的技術，考え方—この本ではこれを**プレゼンリテラシー**と呼びます—を身に付けていただくことです。ちなみに，英語辞書で literacy というと「（読み書きの）能力，技術」とかいうような意味です。Presentation literacy でプレゼンに必要な能力，技術という意味になります。

　プレゼンリテラシーで最も大事なことは，プレゼンの前に，自分のいいたいことを，自分本位にならず，相手（プレゼンの場合は聴衆）にわかりやすく説明するためにはどうするかを考えることです。プレゼンをするということは，いいたいことはすでに決まっているはずです。そうすると，プレゼンに必要な材料は，ほぼ揃っています。ただ，同じ材料から作ったものでも料理の仕方や体調によって美味しかったりまずかったりするように，プレゼンもそのやり方によってわかったり，わからなかったりするものなのです。相手の状態をよく考えて（自分本位にならず），自分の主張を論理的に構成することで，相手が理解しやすいプレゼンを作る。そういう考えこそがプレゼンリテラシーの最も基本的な部分です。すべてのプレゼンは「話者中心」ではなく，「聴衆中心」に考えられるべきなのです。

　上記の目的達成のために，本書は 3 部構成となっています（**図 0.2**）。第 1 章ではプレゼンをうまく乗り切るための基本的な考え方について，第 2 章ではその考えを実現させる技術（方法）について，第 3 章では基本的な考え方や方法を反映した例について説明しています。また，第 3 章では，プレゼンを行う

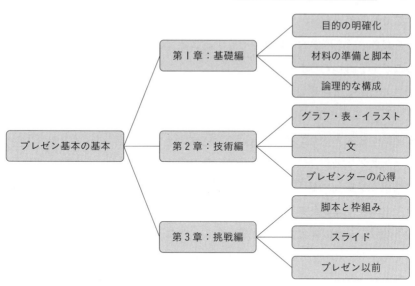

図 0.2　本書の構成

前に知っておくべき知識にも言及しました。そして，それぞれの章はまた三つ
の節に分かれていて，それぞれの話題について説明しています。本書をこのよ
うな構造にしたのは，このほうが読者にわかりやすいと考えるからです。この
考えの根拠については第1章（1.3.2項の①）で説明します。

　本書ではまた，プレゼン技術の根拠を心理学的側面から解説しています。プ
レゼンは自分の考えを他者に伝えるという意味で，対人コミュニケーションの
一つの形式です。そのため，プレゼン技術には心理学的知見に基づいたものが
多くあります。プレゼン技術でいまも使われているものには根拠があるのです。
本書では，プレゼン技術の背景にある根拠を説明し，その技術を使う理由を説
明することで，読者の技術習得の意欲が高まることを期待しています。心理学
的説明は本文に加え，各章に二つの「心理学ミニ知識」に見ることができます。
加えて本書では，各章，各節で三つのテイクホームメッセージ（筆者がいいた
いこと）を挙げています。これも心理学的知見の応用です。読者の皆さんは，
それぞれの節を読み終わってこれらのメッセージにたどり着いたら，それぞれ

の節で筆者が何をいいたかったかを思い出してみて下さい。頭の中で復習をしてください。心理学的知見は，そうすることで記憶が定着する可能性が高くなることを予測しています。

　さて一口にプレゼンを行うといっても，ポスターを使ったり，資料のみを使ったりと，さまざまな方法が考えられますが，本書では基本的に「スライドを使ってプレゼンをすること」を前提にして書かれています。最近は，スライドを使ってプレゼンをすることが多くなりましたので，それに合わせました。プレゼンは技術ですから，基本的な考えを理解し，正しい方法で繰り返し練習すれば，誰でもうまくできます。いい指導者に出会えれば尚更です。ですから本書がその手助けになれば大変うれしく思います。ただし本書では，マイクロソフト社の Excel（以下，エクセル）や PowerPoint（以下，パワーポイント），アップル社の Numbers（以下，ナンバーズ）や Keynote（以下，キーノート）などの使い方は，少しの例外を除いて扱いません。それについてはほかの本やインターネットを参照してください。

　2020 年 12 月

筆者を代表して　　下野　孝一

カバーイラスト，図 0.1，図 2.18 製作：一二三

目　　　次

1. プレゼンリテラシー：基礎編

1.1　プレゼンの目的をはっきりさせる …………………………………… 2
　1.1.1　自分の伝えたいことを考える：「伝えたいこと」を書き出す
　　　　　（段階①）………………………………………………………… 3
　1.1.2　大体の戦略を考える：5W1H を考える（段階②）………… 4
　　　　心理学ミニ知識 1-1 ……………………………………………… 7
　1.1.3　「伝えたいこと」を洗練する：テイクホームメッセージを決める
　　　　　（段階③）………………………………………………………… 8
1.2　材料を準備し，脚本を考える ……………………………………… 10
　1.2.1　「一人」ブレインストーミング：材料を集める（段階①）………… 11
　1.2.2　脚本・枠組みづくり：材料を分類する（段階②）……………… 12
　1.2.3　枠組みの再構築：練習，修正を繰り返す（段階③）………… 16
1.3　論理的なプレゼンを作る …………………………………………… 17
　1.3.1　なぜ論理的にプレゼンすべきなのか：意味のネットワーク ……… 19
　1.3.2　論理的なプレゼンを助ける考え方：科学論文を参考に ……… 20
　　①　科学論文の構造とプレゼンの枠組み ……………………… 20
　　　　心理学ミニ知識 1-2 ……………………………………………… 23
　　②　パラグラフとスライド ……………………………………… 24
　　③　パラグラフの特徴 …………………………………………… 26
　1.3.3　考え方：結論を先に …………………………………………… 28

2. プレゼンのテクニック：技術編

2.1　グラフ・表・イラストの基本的な書き方 ………………………… 31

2.1.1　グラフの基本的な書き方 ……………………………… *32*

　① 棒　グ　ラ　フ ……………………………………………… *33*

　② 折れ線グラフ ………………………………………………… *36*

　③ 散　　布　　図 ……………………………………………… *38*

　④ 円　グ　ラ　フ ……………………………………………… *39*

　⑤ 帯　グ　ラ　フ ……………………………………………… *40*

2.1.2　表の基本的書き方 ……………………………………… *41*

2.1.3　イラストの描き方 ……………………………………… *42*

　① プ ロ セ ス 図 ……………………………………………… *42*

　② ツ　リ　ー　図 ……………………………………………… *44*

　③ ベ　　ン　　図 ……………………………………………… *44*

　④ リ　ス　ト　図 ……………………………………………… *44*

2.2　文 の 書 き 方 …………………………………………… *47*

2.2.1　悪文を避ける：長くて曖昧な文は書かない ………… *47*

2.2.2　基本は単文で書く：わかりやすさを心がける ……… *49*

　① 単 文 に す る ……………………………………………… *49*

　② 箇条書きにする ……………………………………………… *49*

　③ 抽象的な単語の使用，表現を避ける ……………………… *51*

2.2.3　文の効果的な使い方：強調法 ………………………… *52*

　① 字体を操作する ……………………………………………… *52*

　② 配置を考える ………………………………………………… *53*

　③ 図やイラストと組み合わせる ……………………………… *54*

2.3　プレゼンターの心得 ……………………………………… *55*

2.3.1　話　　し　　方 ………………………………………… *56*

　① 声量・発音・速度 …………………………………………… *56*

　② 身振り手振り（ジェスチャー）と表情 …………………… *57*

　③ 視　線　方　向 ……………………………………………… *59*

　心理学ミニ知識 2-1 ………………………………………… *60*

2.3.2　時　間　の　管　理 …………………………………… *61*

2.3.3　緊　張　の　管　理 …………………………………… *63*

　① 練習で自信を作る …………………………………………… *63*

　② メモを作って安心を得る …………………………………… *65*

　心理学ミニ知識 2-2 ………………………………………… *67*

③　考え方を変える　………………………………………… 68

3. プレゼンへの第一歩：挑戦編

3.1　脚本と枠組み　……………………………………………… 71
　3.1.1　卒業論文の場合：実験研究の例（仮説演繹型）を中心に　………… 72
　　①　研　究　の　理　由　……………………………………… 73
　　②　方　　　　　法　………………………………………… 74
　　③　結　　　　　果　………………………………………… 75
　　④　議　　　　　論　………………………………………… 75
　3.1.2　会社内の場合：提案型を中心に　………………………… 76
　　①　問　題　の　指　摘　……………………………………… 78
　　②　考えられる原因　………………………………………… 79
　　③　解　決　策　の　提　案　………………………………… 80
　3.1.3　会社外での場合：講演　…………………………………… 81
　　①　自　己　紹　介　………………………………………… 83
　　②　仕　事　の　説　明　……………………………………… 83
　　③　振　り　返　り　………………………………………… 84
　　④　伝えたいこと　…………………………………………… 84
3.2　ス　ラ　イ　ド　…………………………………………… 85
　3.2.1　スライドの作成時の基本姿勢　…………………………… 85
　　①　一つのスライドには一つの考え　……………………… 85
　　②　用語の定義を明白に　…………………………………… 86
　　③　その他：スライドの数，統一性，具体と抽象の間　……… 86
　3.2.2　共通のスライド　………………………………………… 87
　　①　題　　　　　目　………………………………………… 87
　　②　目　　　　　次　………………………………………… 89
　　③　結　　　　　論　………………………………………… 90
　　④　質　問　へ　の　準　備　………………………………… 90
　　心理学ミニ知識 3-1　………………………………………… 91
　　⑤　キャッチーなスライド：写真・イラスト，アニメーション・動画
　　　　など　…………………………………………………… 92
　3.2.3　スライドの構成の具体例　……………………………… 94

心理学ミニ知識 3-2　……………………………………………　95

① 卒業論文プレゼン（仮説演繹型）　…………………………　96

② 会社内提案型　…………………………………………………　98

③ 会社外でのプレゼン（講演の場合）　………………………　100

3.3　プレゼン以前の基本的知識　……………………………………　102

3.3.1　経験科学の手法の応用　……………………………………　102

① 経験科学的手法　………………………………………………　102

② 事実と意見の区別　……………………………………………　104

③ 因果と相関の区別　……………………………………………　106

3.3.2　論理的構成への手がかり：帰納法と演繹法　……………………　107

3.3.3　問題発見法：つねに自問自答する　………………………………　109

① 問題発見のトレーニング　……………………………………　110

② 解決策の模索 1（視点の変換）　………………………………　111

③ 解決策の模索 2（類推）　………………………………………　112

引用・参考文献　115

索　　　引　117

1. プレゼンリテラシー：基礎編

　プレゼンという用語を聞く機会が増えています。大学の卒業論文の発表会ではプレゼンをします。学会でもプレゼンをしますし，会社に入ってもプレゼンをします。最近は NHK の E-テレで小学生がプレゼンの練習をするという番組もありました[1][†]。今後も社会においてプレゼンの需要は高まりそうです。では，なぜプレゼンが求められているのでしょう。その答えは，聴衆側の視点から考えるか，プレゼンター側の視点から考えるかで少し違ってきます。

　まず聴衆側から考えてみましょう。彼らにとって，**プレゼンは情報を手早く集め，その中から有用なものを選択する**ための道具です。現代社会にはさまざまな情報があふれています。情報の受け手である聴衆はなるべく短時間でその情報の価値を判断し，自分のつぎの行動を決定しなければなりません。そのためには，情報発信者にプレゼンをしてもらい，直接彼らの話を聞いて判断するのが便利な方法です。疑問点もすぐに聞けますし，じかに話をすることで**新しいアイデアが生まれる**可能性もあります。また，**自分の詳しくない事柄についての情報を得る**こともできます。場合によっては，貴重な話が聞けた，ということもあるでしょう。このような利点があるゆえに，現在プレゼンが求められているのです。そして当然のことながら，聴衆は何をいっているのかわかりやすく，自分にとって情報価値の高い，自分の行動を変えるきっかけとなるプレゼンを求めることになります。

　今度はプレゼンターの立場から考えてみましょう。もし聴衆が望まなければプレゼンそのものが存在しませんから，プレゼンターは「要求されるから」プ

[†]　肩付きの数字は，章末の引用・参考文献の番号を示す。

レゼンを行っているということになります。この考えが間違っているわけでは
ありませんが，もう少し積極的な意味はないでしょうか。プレゼンターにとっ
てプレゼンは自分の考えたことを聴衆に伝え，彼らを説得するための道具です。
もし聴衆がプレゼンターであるあなたの考えを受け入れ，行動を変えたとすれ
ば，そのプレゼンは「成功」です。例えばあなたが，自分の勤める部門の仕事
をテレワークで行う方法を提案した結果，会社がその方法を採用したとしま
しょう。それはすなわち，あなたのプレゼンが人々の行動を変えたのです。そ
のような成功を収めることができれば，あなたは自分の技術，能力の一部をプ
レゼンで示したことになります。プレゼンはあなたにとって自分の能力を示す
ための道具なのです。そして，自分の能力を示すためにも，プレゼンターは自
分の主張を聴衆にはっきりとわかりやすく伝える技術を磨くべきなのです。こ
れが，「なぜプレゼンが求められているか」という問いに対するプレゼンター
側の答えです。

　聴衆にとってもプレゼンターにとっても，プレゼンでは，主張が明白である
こと，その主張が効果的に伝わることが重要です。本章ではその実現のために，
プレゼンターが知っておくべき三つの基本について説明します。一つ目の基本
は，プレゼンター自身が「そのプレゼンで何を伝えたいのか（目的）」を明白
に意識することです。二つ目の基本は，主張を支えるための材料を準備し，全
体を通した脚本を考えることです。そして三つ目は，そのときの基本となる考
え方，すなわち脚本を論理的に作るということです。以下，それぞれの基本に
ついて説明していきます。

 ## 1.1　プレゼンの目的をはっきりさせる

　プレゼンをするときあなたが知っておくべき最初の基本，それは「そのプレ
ゼンで伝えたいこと」を可能な限り明白にすることです。そのためにプレゼン
の初心者が行うべきことは，以下の三つです。

1.1.1　自分の伝えたいことを考える:「伝えたいこと」を書き出す (段階 ①)

　繰り返しますが，伝えたいことを可能な限り明白にすることがプレゼンの第一歩です。聴衆に伝えることをはっきりさせ，そこへ向かってまっすぐに進むような話の流れを作ることができれば，プレゼンの成功はほぼ保証されます。読者の皆さんは初心者ですから，話の流れを作るときには，結論をわかりやすく伝えることをまず学ぶべきです。そのためには，もちろんわかりやすい表現を使うことも学ばねばなりません。ですが初心者は，言葉を巧みに使って聴衆に良い印象を与えようとすることまで考えなくてもいいでしょう。それよりも，聴衆をあなたの目的地まで，負担をかけずに連れて行くことが大事です。というわけで，プレゼン（資料）を作るときは，出発点から目的地までまっすぐ進んでいくというイメージを実現することを目標にすればよいと思います（**図1.1**（a））。そのためには，途中でわき道にそれないように（図（b）），また途中に障害物（わかりにくい表現，曖昧な表現，読みにくい文字，わかりにくい表，見にくい図など）を置かないように（図（c））する必要があります。

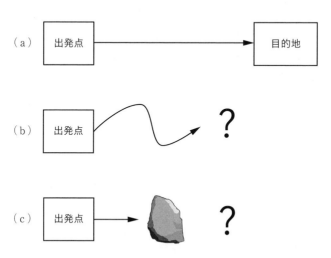

プレゼンは目的地までまっすぐな道を進むイメージ（a）で行う。途中でどこに進んでいるのかわからなくなったり（b），途中に障害物があるようなプレゼン（c）はしない。

図1.1　プレゼンのイメージ

　それでは，伝えたいことを明白にするために最初にすべきことはなんでしょうか。初心者にとって大事なことは，まずそれを書き出すことです。書き出して明白な形で言語化することで，自分の頭の中でぼんやりと考えていたことがはっきりとしてきますし，自分の考えの不十分なところも見えてくるからです。書き出したら段階 ② に移ります。

1.1.2　大体の戦略を考える：5W1H を考える（段階 ②）

　段階 ② では，つぎのことを考えてみましょう。あなたはいつ（when），どこで（where），誰に（who），どんな内容を（what），どのように（how）話すつもりですか。伝えたいことを書き出すときに大雑把には考えていたかもしれませんが，この段階 ② ではそれらをしっかりと意識してください。聴衆に伝えたいこと（what）が同じであっても，いろいろな条件が異なれば，プレゼンの仕方（how），あるいはプレゼンの戦略が異なってくることは明らかです。特に，who（聴衆の特性—聴衆がどのような人々なのか）を考えることは重要です。聴衆があなたのプレゼンにどの程度興味があるのか，また聴衆があなたのプレゼン内容についてどの程度知識があるかなどによって，効果的なプレゼンの仕方は変わってきます。よりわかりやすいプレゼンを作るためには，聴衆の知識・特性を考慮するという戦略的な目が必要なのです。相手のことを考える視点，客観的な判断をする視点といいかえてもいいでしょう。

　ここで，聴衆の特性によってプレゼンがどのように異なってくるのかを二つの具体的な特性を挙げて考えてみます。そうすることでプレゼンには戦略が大事である，ということがはっきりするからです。例えば，まず，

　特性1：あなたのプレゼンへの興味があるかどうか

について考えてみます。この特性は比較的長いプレゼンの場合に注意したほうがよい特性です。聴衆に，あまり積極的でない理由でプレゼンに参加していた人が多かったとしましょう。プレゼンターはどうすればいいでしょうか。何か彼らの興味を引く話（1.3 節を参照）を意識して使ったほうが良さそうですね。ただ自分の主張を並べ立てるよりはプレゼンを成功させる確率が高くなりそう

です。もちろん，どんなプレゼンにおいても聴衆の興味をプレゼンターへと引きつけることは必要です。しかしその引きつけ方は聴衆の特性の一つ，興味をもっているかどうかによって異なってくるのです。つぎに，

　特性2：あなたのプレゼンの内容に詳しい人かどうか

について考えてみます。この特性は，短いプレゼンでも長いプレゼンでも考慮すべきことです。例えばあなたが学生で，自分の研究内容をプレゼンする場面を想像してください。同じ内容を伝えようと思っても，聴衆があなたの研究分野に詳しい人か，あるいは詳しくない人かによってあなたのプレゼンは異なってくると思いませんか。詳しい人ならば専門用語の解説をしなくてもさほど大きな問題はありません。しかし，あなたの分野に詳しくない人を前にして最初から専門用語を連発しては，彼らはチンプンカンプンですぐに話を聞いてくれなくなります。ではどうしたらいいでしょう。当然，あなたはもっと一般的な話からプレゼンを始める必要がありますし，なるべく専門用語を使わずに話す必要があります。会社のプレゼンでも同様のことが起こります。同じ会社の同じ部署の人に話すのか，社外の人に話すのかでプレゼンの戦略が違ってきます。

　また，比較的長いプレゼンをする機会が多いであろう中級や上級のプレゼンターは，上記以外にも，聴衆の年代構成はどうなっているのか，聴衆の男女比はどうなっているのか，などを考えるだろうと思います。というのは，年代によって使われる用語が異なっていたり，同じ用語でも世代や男女によって感じ方が違ったりするかもしれませんから，それらにも配慮する必要があるのです。初心者の間はそこまで考えなくてもよいですが，参考にはなるかと思います。ともかく，プレゼンの戦略を立てる際は，when, where, who, what, how をつねに意識することを心がけるようにしてください。

　さて，ここからは少し余談をします。プレゼンを作るときに重要な，when, where, who, what, how ですが，頭文字をとれば四つの W と一つの H ですね。あなたは学校の授業で，「5W1H」という言葉を聞いたことがありませんか。ほかの人に情報を正確に伝えるときに考えるべきこととして学びました。思い出しましたか。5W1H は，さきほどの 4W1H にもう一つ W，why（なぜ）を加

えたものでした。本章の序文でも「なぜ」を含んだ問いかけをしましたね。それでは，あなたは「なぜ」プレゼンをするのですか？　「ゼミや卒業論文の発表で先生にいわれて」とか，あるいは「仕事で上司にいわれて」というようなことかもしれません。他者からいわれたから。これらは消極的な why といえます。この消極的な why に加えて，本書ではもう少し積極的な why についての考えを提案します。すなわち，「自己のためにプレゼン技術を洗練させる」という考えです。人間の動機を高めるための考え方に目標設定理論と呼ばれるものがあります。この理論では，自身で高い目標を設定し，その目標にたどり着くまでの戦略を考え，実行することをすすめています。また，この理論は自分の行動，成績などを目標と比較しながら努力すると，より高いパフォーマンス（成績，業績）が得られるとしています（心理学ミニ知識 1-1）。プレゼンについても，この理論にあてはめて考えることができます。

　プレゼンがうまくできるかどうかは，上司や先生があなたの能力を判断する指標の一つとなります。このように考えると，「なぜ」プレゼンをするのかという問いの答えには，あなたの技術を彼らにアピールすること，も含まれているといえます。自分が準備したプレゼンがうまくいけば自信が生まれ，さらにつぎへのやる気につながります。ですから，プレゼンの技術を獲得しておくことは，読者の皆さんの今後において必ず役に立つでしょう。また，プレゼン技術は，練習を繰り返し行うことでより洗練されたものとなります（練習の仕方については，2.3.3 項の①で扱います）。1 回 1 回のプレゼンは，自分の技術を洗練させるための大事な機会なのです。人前でのプレゼンが終わったあとも，「済んでよかった」でお仕舞いにしてはいけません。自分が行ったプレゼンを冷静に分析し，どの部分がよくて，どの部分が改善できるのかを絶えず意識しましょう。より洗練されたプレゼン技術を身に付けることを目標として，1 回 1 回のプレゼンをその場しのぎではなく，つぎにつなげてください。

心理学ミニ知識 1-1
目標設定理論と自己効力感

　目標設定理論というのは動機づけ（モチベーション，やる気）に関する理論の一つです。この理論は，企業の業績を上げるための方法を調べた産業・組織心理学の研究結果に基づくものですが，自分自身で自分の動機づけを高めるためにも有効な方法です。あなたに何か達成したいことがあるとしましょう。この理論は，そのときただ「頑張るぞ」と考えるのではなく，自分の特徴，能力，周りの環境，目標に近づいていることを示す具体的な指標などを考えながら目標を定めるとうまくいく可能性が高まると仮定しています。

　この本を手にとった方は，プレゼンがうまくなりたいという動機づけがあるはずです。例えば，何月何日のプレゼンをうまくこなしたいというような動機が。しかしこういっては何ですが，この本を一回読めば，明日から完璧にプレゼンがこなせる，というようなことは起こりにくそうです。プレゼンをうまく行えるようになるためには，この本を使って必要なことを学び，繰り返し練習し，実際にプレゼンし，うまくいかなかったらそれを修正しながら，プレゼン技術を獲得するという努力を続ける（動機を保ち続ける）ことが必要です。技術を高めるには努力を続けるという方法しかないのです。残念ながら。

　目標設定理論では，努力する理由を自分で考え，明白な目標を自分で設定する（自分がコミットする）ことで動機が高まると仮定しています。人からいわれたことでも，そのことを自分で納得して受け入れたならば，コミットメントが高いとみなされます。この理論ではまた，将来の夢の実現を目指すというよりむしろ，現実的な目標に向かって少しずつコツコツやる，ということが大事です。この理論は，本人がある困難な目標を設定することで動機づけを高めれば，高いパフォーマンス（成績など）を保ち続けることができると仮定しています。

　人間は，目標を実現するうえでいろいろ工夫したり努力を続けたりして何らかの成功を得ると，自己効力感（self-efficacy）を高めることができます。自己効力感とは，何らかの課題に直面した際，こうすればうまくいくはずだという期待や，自分はそれを実行できるはずだという自信のことです。成功体験が多く，効力感が高まると，設定する目標が高くなり，動機づけを長く保てることが期待できます。この効力感を高める方法はいくつかありますが，目標を小さなステップに分け，少しずつ成功を達成し，少しずつ大きな目標に向かうという方法もその一つです。また目標設定にフィードバックが組み合わされた場合にも，モチベー

ション効果が高くなることが知られています。図を見てください。一番左にコ
ミットメントとあります。まずは自分で積極的に目標を決めましょう。どういう
方向に目標を設定するのか，設定したらどう努力を持続するのか，どういう戦略
で目標に近づくのかを考えるのです。例えば英語の能力の検定試験にパスしたい
という目標をもったら，毎日単語を三つ覚えるとか，文章を一つ覚えるとか，通
勤電車で英語を聞くとか，具体的で達成可能な小さな目標を設定します。そして，
目標に向かって努力した結果（パフォーマンス）を自分で（知識にもとづいて）
評価し，フィードバックをかけます。自分の現在の状況を知り，目標との差を
フィードバックすることで，場合によっては最初の目標を下げたり，あるいは上
げたりしていけば，望む結果を得られるでしょう。

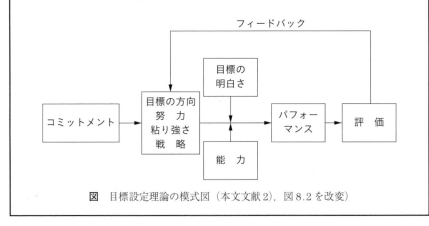

図　目標設定理論の模式図（本文文献 2），図 8.2 を改変）

1.1.3　「伝えたいこと」を洗練する：テイクホームメッセージを決める（段階 ③）

最後の段階 ③ では，段階 ① で考えた「伝えたいこと」を洗練させます。段
階 ② で考えたように，プレゼンの内容は同じでもそれを伝える相手が異なれ
ば，おのずと最低限伝えたいこと（take-home message, テイクホームメッセー
ジ，以下メッセージ）は変わってきます。そこで段階 ③ では，段階 ① の「伝
えたいこと」を段階 ② で考えた戦略にもとづいて修正します。いいかえると，
ここでは最初に漫然と考えた「伝えたいこと」を聴衆などの条件に合わせてよ
りはっきりとさせるのです。この段階 ③ において，あなたが聴衆にとって有
益で，直接的で，曖昧さを含まないメッセージを作り上げることができれば，

あなたのプレゼンは半分完成です。

　ですが，メッセージが決まったとしても，それをそのまま発信してはいけません。1.1.1項でも述べたように，よいプレゼンとは，出発点から結論（プレゼンの場合は，メッセージを端的に示す言葉や文章）に向かってまっすぐに各スライドを配置したものです。そして，各スライドの内容が結論に向かって順序よく並んでいることが肝心なのです。途中のスライドが何の脈絡もなく並んでいれば，聴衆はその度に自問自答することになります。「こいつは何がいいたいんだ！」と。また途中に論理のつながりが切れている部分（穴）があっても，聴衆は耳を傾けてくれません。このようなことが何回も続けば，聴衆は「私の時間を返せ」といってくるでしょう。メッセージが決まったからといって，相手にかまわず喋ってしまってはいけません。それはプレゼンではなく単なる独り言で，ほとんどの人にとって苦痛以外の何物でもないのですから。聞く人に多大な努力を要求するような，苦痛を与えるプレゼンをしてはならないのです。

　そうしたプレゼンをしてしまわないためにも，聴衆がどのようなプレゼンを嫌がるかを想像してみましょう。聴衆が嫌いなプレゼンを考えることができれば，そのような不快なプレゼンは避けたほうがいいだろう，ということに思い至ります。ではあなた自身が聴衆だとして，どんなプレゼンを嫌だと思いますか。すでに登場したものもありますが，例えば，

・時間通りに終わらない
・専門用語の説明がない
・論理が混乱していて，理解できない
・文字が小さくて読めない
・声が一本調子で眠くなる
・声が小さい

などでしょうか。このようなプレゼンをしない努力をしつつ，伝えたいことを洗練させてください。やってはいけないプレゼンについては第2章の序文でも述べています。

　もう一つ，アドバイスをします。プレゼンにある程度慣れてきたら，相手の
ことを想像するときには，あなたのプレゼンのどんな点が相手にとって利益が
あるのかを考えましょう。つまり，あなたのプレゼンの「売り」を考えること
です。そして，その「売り」をプレゼンの最初に述べることで，聴衆の注意を
引くことができます。聴衆の注意を引くいくつかの方法は 2.3.1 項と 3.2.2
項の ⑤ で述べます。

1.1 節のテイクホームメッセージ

・1 本のまっすぐな道路をイメージして，脇道にそれない話の流れ
　を考えます。

・どのような内容（what）を，いつ（when），どこ（where）で，
　誰（who）に対して，どのように（how）行うかを意識します。

・プレゼンのテイクホームメッセージを考えます。

1.2　材料を準備し，脚本を考える

　それでは，二つ目の基本の話をしましょう。「プレゼンで何を伝えたいのか」
をはっきりさせたら，そのためにどんな材料が必要かを考え，それを効果的に
配置するための脚本を作ります。そのためには一つ目の基本と同様，三つの段
階を踏むとよいでしょう。まず段階 ① では，材料を集めます。自分の頭でじっ
くりと考えて，思いついたものは記録しておきます。段階 ② では脚本そのも
のを考えます。そして段階 ③ では，練習を行いながら脚本の修正を繰り返して，
プレゼンを洗練していきます。ちなみに，材料を集める過程で「何を伝えたい
か」が変化することは十分にありえます。そうした場合は，ためらわずにいっ
たん前に戻って，自分の主張を見直してみてください。

1.2.1 「一人」ブレインストーミング：材料を集める（段階①）

段階①ではメッセージを伝えるための材料を準備しましょう。材料にはいろいろなものがあります。まずはメッセージについて考え，それに関連して自分の頭に浮かんだ事柄を，思いつきでもなんでも書き出します。メモ用紙などを準備して，材料になると思ったことを片っ端から書いてください。例えば卒業論文の発表なら，実験装置の写真，結果の図表，研究内容の概念図などが，材料としてまっさきに思いつくものです。会社でのプレゼンなら自分の主張を示す文章[†1]，主張を裏づける資料，データなどでしょう。課題解決のための提案を行うなら，その論理も必要です。発表の目的を端的に表現したキャッチーな（catchy：人を引きつけることのできる，印象に残る）写真や宣伝文句（いわゆるキャッチコピー[†2]）を思いつけば儲け物です。一部はすでにスライドになった材料もあるでしょうが，それも気にしないで書き出します。

この作業のことは，いわゆるブレインストーミングを一人で行うというふうに考えればいいと思います。ブレインストーミングとは，一般的には個人ではなく集団で，ある課題について自由に議論を述べてもらって，課題解決を目指す会議形式です。そこでは制限のない自由な議論を行うことで，新しいアイデアを生み出すことが期待されています。他者を非難してはいけません。どのような考えも受け入れます。そのブレインストーミングを，ここでは一人で行うわけです。一人ブレインストーミングの課題は，「メッセージを有効に伝える方法を探し出す」ことです。この段階では，まだ材料一つ一つからスライドを作る必要はありません。メモにしろ，スライドにしろ，材料を準備するだけです。そしてつぎの段階であなたの作品（プレゼン）の下ごしらえをするのです。

ここで簡易的な一人ブレインストーミングの例を，**図1.2**を参考に説明します。ブレインストーミングの基本的な方法は，思いついた考えを紙に書く，とにかく量を出す，途中で考えを否定しない，そして考えが十分に出尽くした

[†1] 一般に文とは句点「。」で区切られて一つの内容を表す連続した単語の塊，文章とはいくつかの文を重ねて一つの内容を表現したものとされている。本書でもこの表記法に従う。
[†2] キャッチコピーというのは日本独特の表現法で，英語だと slogan，catchphrase，motto などが対応する。

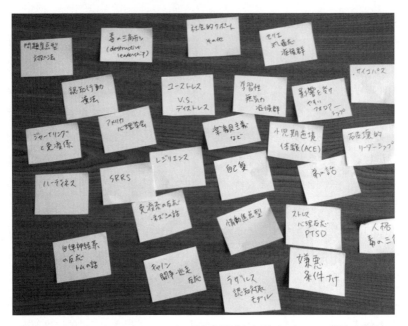

図 1.2　一人ブレインストーミングで考えを羅列した例（ストレスに関する講演）

と感じたら，アイデアどうしをつなぎ合わせる，というものです。初心者のうちは，面倒ですがポストイットのような紙に書いて，あとでまとめられるようにしておいたほうがいいと思います。図は著者の一人である下野が，「ストレス」について 90 分の講演を依頼されたときに行った一人ブレインストーミングで書き出したアイデアの写真です。ストレスについて，自分の知識をひねり出しながらポストイットに書き，それらを机に貼り付けたものを写しています。

1.2.2　脚本・枠組みづくり：材料を分類する（段階②）

　材料を出し尽くしたのちの段階②では，いよいよ脚本を考えます。脚本とは，材料を組み合わせてメッセージにまっすぐ向かっていくための指針です。1.1.1 項で述べた「話の流れ」を洗練させたものと思ってください。説得力があればどんな脚本でも構いません。

　脚本はいくつかの枠組みからなっています。そして脚本作りというのは，聴

衆にメッセージを確実に受け取ってもらうために，どの材料をどの枠組みの中に入れるのかを考える作業です。この枠組みは自分で決めるわけですが，例えば卒業論文の発表，企業内での提案など，それぞれのプレゼンの目的に応じて，「あらかじめ決められた一連の枠組み」を考えることができます（詳しくは第3章を参照）。もちろん，枠組みのスライド数（材料の数）や各スライドの内容は最初から決まっているわけではありません，自分自身の脚本によって決まります。

　脚本を考えるときの基本は，各枠組みの機能を考えることです。例えば聴衆に伝えたいことを三つの枠組みからなる脚本でプレゼンする場合の構成を考えてみましょう（**図1.3**）。最初の枠組みの機能は，一般に，そのプレゼンを通して取り上げる話題（または課題）をはっきり述べることです。また，聴衆がプレゼンを理解するために必要な基本的な概念（考え）やいままで得られた知識を提供することも，最初の枠組みの機能です。基本的な概念や知識は，最初に示したほうがプレゼンの内容がわかりやすくなります。二つ目の枠組みの機能はそれぞれのプレゼンの内容によって異なりますが，課題の原因の分析，自分なりの解決案やそれを支持するデータの提示などです。そして最後の枠組み

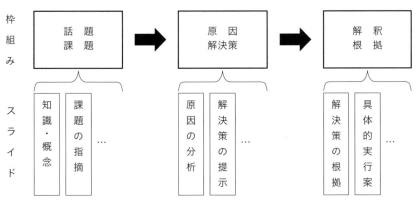

それぞれの枠組みはそれぞれ異なる機能をもち，いくつかのスライドからなっている。スライドの機能もまたそれぞれ異なる。

図1.3　プレゼンの構成の例

の機能は，最初の枠組みで述べた課題に対する自分の結論，主張，解釈，そしてそれらの根拠を示すことです。また図を見ると，各枠組みはそれぞれがいくつかのスライドから構成されています。スライドの機能については 1.3.2 項の ② で説明します。

　ちなみに，最初の枠組みでプレゼンの結論や主張を簡単に述べることもよく行われます。聴衆がプレゼンで扱う話題について十分な知識をもっていれば，最初に結論や主張を聞くことで話題の行き先を知り，理解するための準備ができます。同様に，聴衆にとって課題が自明である場合，あるいは課題が聴衆と共有されている場合には，最初の枠組みで簡単に解決策とその根拠について述べ，そのうえで具体的な解決策を詳しく述べるという方法も可能です。いずれにしても，効果的なプレゼンの脚本を考えるためには，自分がプレゼンで主張することを明白にし，聴衆の望みを見極めていることが大前提です。よくよく考えながら，枠組みの中に材料を入れていきましょう。

　ここで一つ具体例を出します。さきほどブレインストーミングについて説明するときに，ストレスについての講演を例に取り上げました。これを 1.1 節で述べた三つの段階にあてはめて考えてみましょう。この例では講演を依頼されたことが発端ですので，段階 ① に対応することは「ストレスについての話をする」でした。これだけならいろいろな脚本が考えられます。段階 ② は 5W1H を考えることでした。この例では，聴衆は 40 代から 60 代までの公務員の方で，係長・課長職の方々がおもでした。下野は一般的に考えて，彼らはある程度ストレスに関する知識をもっているだろうと予測して脚本を作ることにしました。彼らは職場でストレスに関する研修を受けているはずです。そのことを考えれば初心者にするようなプレゼンはできません。そこで下野は「ストレスに関する比較的新しい考え方を紹介する」ことを目的にし，90 分のプレゼンを三つの部分に分け，そのそれぞれについていいたいことを考えました（**図 1.4**）。そして，（1）ストレスの代表的な心理学モデルについて，（2）ストレス対処法とストレスに関する二つの新しい概念について，（3）ストレスと破壊的リーダー行動について，という三つの枠組みを作り，それぞれ 30 分ほ

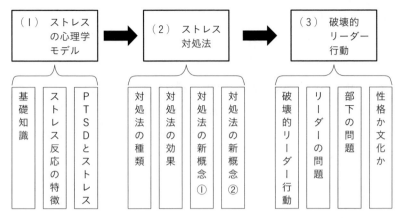

図1.4　プレゼンの構成の例（ストレスについての講演の場合）

ど話をするという脚本を思いつきました。最後に，それぞれの枠組みを三〜四
つの項目に分け，さらに各項目に二つ〜四つのスライドを割り当てて，全体の
プレゼンを作りました。

　段階③はメッセージ，売りを考えることでした。この講演の売りは二つです。
最初の売りは，一人一人のストレス耐性（ストレスに対抗する力）を高める方
法を学べることです。そのために枠組み（1）でストレスのモデルについて学
び，（2）で最新のストレス対処法を取り扱います。二つ目の売りは，破壊的リー
ダー行動とは何かを学ぶことで，部下のストレスを作り出す可能性の高い管理
職（リーダー）の行動を自覚できるようになることです。枠組み（3）の話題
は管理職にある方々にはぜひ理解しておいてもらいたい事柄ですので，プレゼ
ンに入れることにしました。破壊的リーダー行動とは，一般にハラスメント等
で部下を傷つけ，部下の労働意欲を失わせるリーダーの行動と定義されます[2]。
リーダーのどんな考え，どんな行動が部下にとってのハラスメントになりやす
いか，職場のどんな雰囲気がハラスメントを生みやすいかを知れば，リーダー
を務める方々にとって自分の行動を制御する手がかりになるのではと期待した
のです。こうして，プレゼンが一つできあがりました。皆さんのプレゼン作り
のモデルケースになれば幸いです。

　なお，この講演のような比較的長いプレゼンは，10分前後で行うプレゼンとは少し異なる側面がありますので，その点については第3章で述べます。

1.2.3　枠組みの再構築：練習，修正を繰り返す（段階③）

　枠組みが決まり，その中で使う材料が決まったら，スライドを作ります。具体的なスライドの作り方は第2章，第3章で扱いますが，あらかじめいっておくと，スライドは1回作ったらそれで終わり，というものではありません。つねに磨いていくことを心がけます。自分で読みあげてプレゼンの練習をし，時間配分を考えながらスライドを修正して，また読み上げてということを繰り返すのです。それから，自分で作ったスライドを客観的に眺めて修正することは難しいので，できればほかの人（特にプレゼンの経験が豊富な人）に聞いてもらって，感想や批評をもらうことが必要です。他人からの批評を恐れてはいけません。誰でも最初からうまくはいきませんし，彼らの感想や批評はあなたのプレゼンをより良くしてくれる大事な栄養と考えてください。ただし，どの批評を受け入れ，どの批評を受け入れないのかは自分で決めてください。無闇矢鱈に攻撃性の高い人もいますし，自分の優位性を示すためにコメントをする人もいますから，使える批評と使えない批評を区別してください。プレゼンをするのはあなたです。この段階ではスライドを準備し，推敲し，口に出して練習し，ほかの人からのフィードバックをもらう，ということを何回か繰り返してください。練習はわかりやすいプレゼンをするのに欠かせないことです。ほかの人から感想・批評がもらえそうもなく，自分だけで練習するときに気を付けることは，2.3.3項の①で説明します。

　また，練習を繰り返すことには，わかりやすいプレゼンを作るという意味に加えて，プレゼンというストレス事態に対抗するという意味もあります。初心者にとってプレゼンはストレスです。おそらく上級者にとってもストレスでしょう。一般にストレスを引き起こす事柄（ストレス事態）は，例えば自然災害のように制御不能なことが多いのですが，幸いプレゼンの場合，いつ，どこで，誰を対象に行うかがわかっています。ということはストレスに対して準備

ができますので制御不可能ではありません。制御不可能なストレス事態に比べればプレゼンで生じるストレスは簡単に対処できます。自分の精神状態を可能な限り安定させるような，プレゼンでのさまざまなストレス対処法については2.3.3項で少し解説しています。

　練習をすることは大事ですが，スライドを修正するときには二つ注意する点があります。一つは図やイラストなどを上手に作ろうとするあまり，プレゼンの内容よりもそちらに時間をかけないようにすることです。大事なのは内容であり，それを支えるものが図やイラストなのですから。これらの作り方は第2章で説明します。もう一つは良いスライドを作ろうとするあまり，一つのスライドに情報を詰めこみすぎないようにすることです。スライドにあまりにも多くの情報が詰め込んであると，聴衆が論点を見失ってしまいます。この点については3.2.1項の ① で詳しく説明します。

1.2 節のテイクホームメッセージ

・わかりやすいプレゼンをするために材料を準備しましょう。

・材料が集まったら，枠組みを考慮しながら材料を分類します。

・枠組みの機能を引き出すために，単純で論理的な構成を目指して
　繰り返し練習・修正します。

 1.3 論理的なプレゼンを作る

　いよいよ三つ目の基本の話に入ります。1.2 節では材料が出揃ったら枠組みと脚本を作ると書きましたが，そのときに大事なのはそれらを論理的に構成するということです。ただし，論理的な構成といっても，プレゼン技術は基本的に北米文化の影響を受けているので，われわれが小さいときから学んできた，作文の「論理」構成とは少し異なることは最初に述べておきます。論理的というのは単純にいえば，「A だから B である」というような記述が理屈にあって

いることです（一般的には A は正しい，という前提があるとします）。この理屈の間に「ずれ」があるとそのプレゼンは良いプレゼンではなくなります。じつをいうと，われわれが国語の授業で習った良い文章の基本，あるいは作文の書き方である「起承転結」には，この理屈のずれが存在します。「転」です。「転」は視点の変化，論点の変化を意味しますから，初心者のうちはプレゼンに盛り込むのを止めましょう，というのがわれわれ著者の意見です。「転」は聴衆が話を追うのに邪魔になります。この点は覚えておいてください。

　もちろん，プレゼンに「転」をまったく使うなというわけではありません。プレゼンの中級者，上級者になれば，「転」を上手く使って聴衆の注意を惹きつけ，インパクトの強いプレゼンをすることもできるでしょう。聴衆に「おや，何のことだろう」と思わせて注意を引き，しばらくして「何だそうなのか」と思わせるやり方です。この方法だと，うまくいけば聴衆に強い印象を与えられますし，プレゼンの上手な人だという印象も残せます。またプレゼンの種類によっては，特に時間に余裕があるようなときには，最初にプレゼンター自身の具体的な経験の話，身近な例，あるいは聴衆の多くが知っているような話（特に，最近大きなニュースになったこと）をして，聴衆の注意を引くというやり方もあります。これは聴衆との距離を縮めるための方法の一つです。距離が縮まれば一体感，共感を生み出すことができます。共感は，プレゼンを成功させるための大事な要素の一つです。本書ではおもに論理的なプレゼンについて扱いたいので，「聴衆の注意の引き方」については詳しく述べませんが，話し方による注意の引き方は 2.3.1 項，スライドなどでの注意の引き方は 3.2.2 項の ⑤ に述べました。どちらも，初心者でも可能な方法です。

　さて，論理的なプレゼンを作成するのに役に立つ知識を二つ，以下に挙げておきます。一つは，人間の記憶の特徴に関連したものです。人はなぜ論理的な話のほうがわかりやすいのかを知れば，プレゼン作成のいくつかの技術について納得しやすいのではないかと思います。もう一つは科学論文の特徴に関連した知識です。科学論文の書き方は論理的に話を作るために進歩したものですから，論理的なプレゼンをするために役に立ついくつかの技術が存在します。そ

れでは，記憶と科学論文に関連した知識を簡単に説明しましょう。

1.3.1　なぜ論理的にプレゼンすべきなのか：意味のネットワーク

聴衆に理解してもらうためには論理的に構成しましょう，という主張をしました。ではなぜ「論理的なプレゼン」をすべきなのでしょうか。それは，論理的なほうが人は話を聞いてくれるから，うまくいけば理解してくれるからです。人間は他者の話を聞いているとき，無意識のうちにつぎにくることを予測しながら理解しようとします。例えば，なんの前提もなく「私は昨日，母と京都に行きました」という文を聞いたとき，つぎにくる文の内容としては「旅行のこと」，「母のこと」，「私のこと」などに関連したものを予測します。われわれは小さいときからの経験を通して，話や文章を理解するために単語や文どうしをつなぐ，「**意味のネットワーク**」を脳内にもっているのです。ネットワークの一つの例を**図 1.5** に書いています。例えば「京都」と聞けば，それにつながった「仏像」とか「神社仏閣」の話を無意識に予測するでしょう。「仏像」から「お父さん」の話を予測するかもしれませんね。ですから，自分のネットワーク内に存在しない（あるいはつながりの薄い）単語や文が続いたらわれわれは混乱

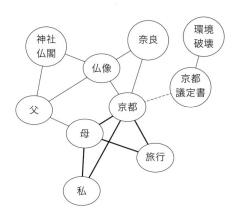

人間の脳内には単語と単語を結びつけるネットワークがある。ゆえに，事前に提示された文によって活性化されたネットワークにつながっていない単語を含んだ文がつぎにくると，理解するのに時間がかかる。

図 1.5　意味のネットワークモデル

してしまいます。いま聞いている文と前の文に関連がなかったら，どんな意図で，何のためにその文が話されたのかをすぐには理解できないからです。理解できなければ，聴衆はプレゼンへの興味を失ってしまいます。結局，話を聞くことを止めてしまうでしょう。

　例えば，上述した文に続いて，「気象庁によれば来年の8月の最高気温は40°を超えるとのことです」という文が続くとしたらどうでしょうか。多くの人は，「何のことをいうつもりかな？」となるでしょう。ただし，人によっては，「これは京都議定書のことを持ち出して地球温暖化のことを話すつもりかな」と思うかもしれません。ネットワークの中で「京都」と「京都議定書」がつながっている人にとってはありそうなことです。また，プレゼンターが地球温暖化について話そうとしていることを前提条件として，「私は昨日，母と京都に行きました」という文を聞けば，容易に想像できるかもしれません。それは前後の文から意味を読みとる，意味のネットワークが働いたからこそ理解できたのです。

　一方，プレゼンの途中で，本来の主張と関連のないことをいったり（いわゆる「転」があったり）すると，聴衆の理解を妨げます。聴衆は理屈に合わない文や意味不明の文に出会ったとき，理解することを放棄する可能性が高くなります。意義や意味のわからないプレゼンに付き合うほど現代人は暇ではないことを肝に銘じてください。では「転」を使える人たちはどうなのかというと，プレゼンの上級者は「転」を使ってから話を元に戻すタイミングが絶妙なので，それほど聴衆を混乱に陥れないのです。上級者が話すときは，「転」があったとしても，聴衆は「どんなふうに話をもっていくのだろう」という期待をするでしょうから，彼らの話を最後まで聞いてくれそうです。

1.3.2　論理的なプレゼンを助ける考え方：科学論文を参考に
①　科学論文の構造とプレゼンの枠組み

　プレゼンの枠組みを考えるときに参考になるのは科学論文の構造です。科学論文で大事なことは，首尾一貫して同じ事柄，話題について論理的に書かれて

いることです。そこでは，専門用語は基本的に同じものを使う，略語や文法上の表記は同じにする，イギリス英語で書くのかアメリカ英語で書くのかを統一する，というようなことも行われています。もちろん，途中で関係のない話を書いてはいけません。同じようなことがプレゼンでもいえます。ただし科学論文に比べ，プレゼンではその構造がより緩やかで自由度が高くなります。例えば，科学論文では例外的な，キャッチーな構造が見られることもありますし，起承転結の「転」も聴衆の注意を引くために使われることがあります。

　科学論文の代表的な構造は**図 1.6** に示しました。実験結果，あるいは調査結果に関する論文でよく用いられるものを選んでいます。この図に示される論文構造は，四つの構成要素からなっており，IMRAD 形式と呼ばれています。I（Introduction，導入部）では研究の位置付けと意味を説明し，M（Methods，方法）では実験材料や実験手続きを述べ，R（Results，結果）では実験結果を記述し，そして A（and），D（discussion，議論）では結果のまとめと議論を行います。これはあくまで基本形で，実験が複数あるような場合には構造がもう少し複雑になります。また最近では，なるべく論文を短くするために必ずしもこの形式に拘わらなくなりました。議論を先に行い，結果，方法があとにくる論文も増えています。ですが，いずれの形式にせよ，論文がその主張を支えるいくつかの下位の構成要素から成立していることに変わりはありません。

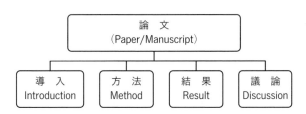

論文を支える四つの枠組み。枠組みのそれぞれには決まった役割がある。

図 1.6　科学論文の構造

IMRAD では四つの要素それぞれに決まった役割があるので，執筆者はそれぞれの役割に従った書き方が可能です。また，読者もそれぞれの役割を理解したうえで論文を読みますから，いろいろな書き方をされるよりもずっと早く理

解できます。科学論文の書き方は長い歴史を経て現在のやり方に行き着いたわけです。

　それでは論文の構造をプレゼンにどのように応用すればいいでしょうか。さきほど1.2.2項で述べたように，プレゼンの脚本にはいくつかの枠組みがあり，それぞれの枠組みには決まった機能があります。図では論文の IMRAD のそれぞれを箱（四角形）で表しました。プレゼンを作るときも枠組みを四角形のように表現して考えます（第3章を参照）。自分が作った脚本に従って枠組みを考え，例えば枠組みが四つだとすれば，四つの四角形の中に入れる枠組みそのものを表す言葉，すなわち「名前」を付けます。名前を付けることはその枠組みの細かい中身を考えるのに役立ちます。なぜなら，その枠組みの機能を名前が象徴しているためです。プレゼンに慣れないうちは，頭の中で想像するだけではなく，実際に四角形を書いて名前を書き込む，という作業を行うことをおすすめします。

　枠組みに名前を付けるときの具体的な方法は3.1節で述べますが，その際に参考になるのは枠組みの機能です。1.1.2項でも述べたように，枠組みには，例えば話題や課題を明らかにすること，プレゼンの理解に必要な考え（概念，理論）やいままでの事実（データ）を説明すること，解決案を提示すること，結論を説明することなどの機能があります。こうしたそれぞれの機能を考慮したうえで，その枠組みに名前を付けていきます。この作業は，各枠組みをどのようなスライドで構成すればよいかを考える準備にもなります。

　枠組みを四角形で表現して名前を付けていくという方法で作られたプレゼンは，聴衆にとっても理解しやすくなると思われます。というのも，人間は何らかの基準で項目を分類されたもの（枠組みの中に入っているもの）について記憶するほうが，でたらめに記憶するよりもずっと得意だからです（これを記憶の体制化と呼びます。心理学ミニ知識 1-2 を参照）。名前を付けられた枠組みが一定の基準のもとに並べられ，各スライドの機能がはっきりとしていれば，聴衆の頭にあなたのプレゼンの内容がサクサクと入っていくことでしょう。

心理学ミニ知識 1-2
記憶の体制化

　プレゼンを作成するときには枠組みに名前を付けることが重要であるという考え方は，記憶に関する心理学の実験結果と一致します。例えば記憶心理学の分野では，ものごとを覚えるときにはただ無闇に記憶するよりも構造化して記憶したほうが覚えやすいことが知られています。専門用語としては体制化という用語が使われる現象です。体制化というのは，物事をある基準で分類し，その分類ごとに記憶していくという方法のことです。人間が短時間で記憶できる容量には限界がありますが，記憶するための枠組みを準備してやると（体制化すると），ある程度その記憶を保つことができるのです。このことを示す一つの実験を紹介しておきます。これは Bower, Clark, Lesgold, and Winzenz によって 1969 年に行われたものです [1]。彼らは，鉱物の種類を五つの基準で分類して（**図1**）その名前を記憶させたときと，ただ鉱物の名前を記憶させたときで，しばらく時間をおいたあとの再生率（どれぐらい正しく思い出せるか）を調べました。被験者（実験に参加した人）はそれぞれの条件で，記憶と再生を4回繰り返しました。その結果，**図2**に示すように，分類した場合には3回目で100%再生ができましたが，ただ覚えさせたときではその半分ほどしか再生できていません。全体をある基準で分類したほうが長く記憶に留まるということは，プレゼンの途中でも，あるいはプレゼンが終わってからでも，前聞いたことを思い出せる可能性が高くなるということです。それによって聴衆の中に，わかりやすいプレゼンという印象を作り出すことができるのです。

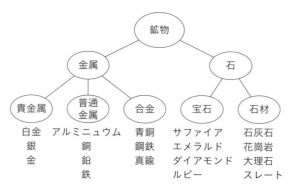

図1　単語の体制化

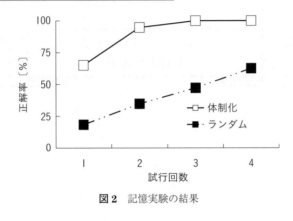

図2　記憶実験の結果

引用・参考文献

1）　Bower, G. H., Clark, M. C., Lesgold, A. M., and Winzenz, D.: Hierarchical retrieval schemes in recall of categorized word lists. Journal of Verbal Learning and Verbal Behavior, **8**, 3, pp. 323 〜 343 (Jun. 1969)

②　パラグラフとスライド

　スライドの構成を考えるときには，科学論文でも使われる paragraph という概念が有用です。「paragraph」という英単語を見ると「段落」という訳語を当てたくなりますが，paragraph の概念は日本語でいう「段落」とは大分違い，レポートや論文を書くときには，その書き方が決まっています[3]〜[5]。そこで本書では日本語における段落という概念とは区別して，以下の paragraph の概念の説明においては，英語の発音をカタカナに当てはめた用語「パラグラフ」を使います。

　さて，さきほど紹介した IMRAD のそれぞれは，いくつかのパラグラフと呼ばれる構成要素からなっています（**図1.7**）。パラグラフもまた，いくつかの文からなっており，さらに文は単語からなっています。そのように考えると論文というものは，単語，文，パラグラフ，IMRAD からなる構造体といえます。この構造体があいまいな論理で構成されていれば，読者にとって論文の主張は受け入れ難いものになります。単語，文，パラグラフ，IMRAD は，論文とい

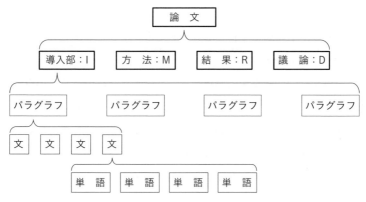

IMRAD のそれぞれはいくつかのパラグラフからなり，パラグラフはいくつかの文から
なり，さらにそれぞれの文はいくつかの単語からなっている。

図 1.7　科学論文の構成

う構造体を支える釘，柱，壁，部屋などのようなものなのです。それぞれいい
加減な使い方をすれば，その建物（論文）は壊れてしまい，何がいいたいのか
わかりません。結局，よくわからないから読まれない，ということになります
（自分で書いていてなんですが，いままで書いてきた論文のことを考えると，
下野にとっては耳の痛い話です）。

　さきほど IMRAD を枠組みに対応させたように，パラグラフもスライドに対
応させることができます。例えば論文は，IMRAD のそれぞれでどのようなパ
ラグラフを書くのかを考えながら構成しますが，同様に，各枠組みの中にどん
なスライドを入れるかを考えながらプレゼンを構成することができます。図に
示すように，論文は，IMRAD，パラグラフ，文，単語からなる構造をしてい
ますが，同様にプレゼンも，枠組み，スライド，スライドを構成するグラフ・
イラスト・文（あるいは文章），そしてそれらを構成する単語からなる構造をもっ
ていると考えることができます。そうするとプレゼンにおけるスライドの機能
は，それぞれの枠組みを支えることです。さきほど，枠組みの機能を明白にす
るために名前を付けることを提案しましたが，スライドの場合もその役割を考
えて名前を付けることができます。枠組みの機能を果たすために，どのような

機能をもったスライドを何枚使うかを決めてから，それぞれに名前を付けていくのです。スライドに名前を付ける具体的な方法は 3.2.3 項で述べます。

③ パラグラフの特徴[†]

プレゼンで論理的に話をするためには，パラグラフの成り立ちの概念が役に立ちます。具体的には，主題文，展開文，結論，一貫性，結束性，つなぎ言葉というような概念です。これらの用語は英語で文章を書くときに使われるものなので，あまり聞いた事がないかもしれませんが，一回学んでおけば日本語で論理的な文を書いたり，プレゼンをするのに応用できます。

一般に，パラグラフの最初には**主題文**と呼ばれる文があり，そのパラグラフの主張を明白にする（読者にそのパラグラフで何を主張しているのかをすぐわからせる）機能があります。つぎに，その主張を支持する例や，関連した話題を提供する**展開文**と呼ばれるいくつかの文が続きます。そしてパラグラフの最後には，**結論**と呼ばれる，主題文に関連した内容をいいかえた文がきます。あるいはつぎのパラグラフにつなげるような**連結文**がくることもあります。このようにして，パラグラフの各文の内容は一貫して同じ考え，同じ話題について記述されています。また，パラグラフには「一つのパラグラフには一つの考え」を書くという大原則があります。同じパラグラフの中に主題文と関係のない文が続くと混乱するからです。

大多数のパラグラフは二つ以上の文からできています。一つの文からなるパラグラフというのは，小説ならともかく科学論文ではほとんどありえません。少なくとも著者らは見たことがありません。例として，以下にパラグラフを意識して書いた日本語の文章を挙げてみます[6]。

> 大学で心理学を教えていますと，学生が心理学に対してもっているイメージと，実際に心理学が扱っている研究テーマの間にかなり違いがあることがわかります（主題文）。私自身，40 年ほど前に大学に入るときにはカウンセリングの授業があると想像していました（展開文1）。<u>ところが</u>，実際の授業は実験心理

[†] ここで使われる「主題文」などの訳語は統一されているわけではないので，ほかの本を読むときには注意すること。

学と呼ばれるものが中心で，統計学，プログラミング，実験法，生理心理学などの授業もあって面食らったものです（展開文2）。残念ながら，この間心理学のイメージと心理学研究のギャップが埋まった様子はなく，むしろ広がっている感じさえします（結論）。

　一読しておわかりのように，このパラグラフは「心理学のイメージと実際の授業内容とのギャップ」に関して書かれたものです。四つの文が意味的につながっていることがわかりますね。主題文に続いて，つぎの展開文では主題文が取り上げた話題の例を述べています。そして，結論で主題文をいいかえています。この終わり方は，このパラグラフのあとに「例えば」と続けてつぎのパラグラフが始まることを予測させるような終わり方です（ただ，いまの下野でしたら，展開文3として，もっと具体的なエピソード—例えば，心理学科への進学を希望する学生は，1・2年生で開講される数学の講義の単位を取得するように要求された—を付け加えたいところです。すでに述べたことですが，具体的な例は，文章でもプレゼンでも読者の注意を引くことができます）。

　このように，文が主題文との関連をもって論理的に流れることを**一貫性**があるといいます。内容の一貫性を生み出すためのおもな方法は二つあります。一つ目の方法は，**つなぎ言葉**を正確に使うことです。つなぎ言葉というのは，文と文，句と句，単語と単語をつなぐ言葉です。このつなぎ言葉を使うことで，つぎの文がくる前に，前後の文の関係を明らかにすることができます。例えば，展開文2の「ところが」は，前の文とは異なる内容の文がくることを読む人に予測させます。こうした言葉を使うと，読者や聴衆の理解が早くなります。ちなみに，つなぎ言葉というものはここで使ったような逆説の関係を示すものばかりではなく，原因・理由（というのは），例示（例えば），順説（そして），付加（さらに），いいかえ（いいかえれば）などさまざまです。そして，もう一つの方法は**指示代名詞**を正確に使うことです。指示代名詞というのは，結論の二重下線に示されるような，「この」,「あれ」など，すでに述べた単語，語句，文の内容を示す単語（こそあど言葉）のことです。そしてその機能は，同じ言葉を使うとくどくなるところを短くいうことで理解しやすくすることです。例

えば，結論の「この間」は展開文1の「40年間」を短くしたものです。このようなことをうまく行った文章は**結束性**の高い文章と呼ばれます。これらのことを踏まえて，プレゼン作成においては一貫性があり，結束性の高いものを作ることを目指しましょう。

1.3.3　考え方：結論を先に

　さて，論理的に主張するときに心がけて欲しいことがあります。先に述べたように，プレゼンの論理に対する基本的な考え方は北米文化の影響を受けているので，われわれの日常会話におけるそれとは少し異なっているということです。下野はかつて，とある北米の大学の先生から，「君たち日本人の論文やプレゼンは墨絵のようだ」といわれたことがあります。彼がなぜこのようなことをいったかは，日本語文化圏においてある主張をするときの論理構成と，英語文化圏でものごとを主張するときの論理構成に違いがあるからだと考えれば理解できます。それぞれの文化によって，論理の構成の仕方は違うのです[7]（断っておきますと，われわれはここで論理の構成の仕方に文化差があることを指摘していますが，その優劣を論じているわけではありません。プレゼンをよりわかりやすく作るための考え方には，日本語文化圏の論理構成より，英語文化圏の論理構成のほうがより直接的で，わかりやすいだろう，という議論をしています）。

　それでは日本語と英語では論理の構成はどう違うのでしょうか。英語の特徴は図1.1に示したように一直線型です。対して，日本語の特徴は木下のいう「逆茂木（さかもぎ）型」です[5]（**図1.8**）。逆茂木型では最初にある話題について述べられます（図（a））。そしてつぎに別の話題が述べられます（図（b））。この段階では前の話題とつぎの話題の関連は明白には示されません。このような話題提供がいくつか続いたあと，最後にこれらの話題に共通する主張，意見，結論が述べられます（図（c））。このやり方ですと結論が最後に述べられますから，主張をすぐには理解しにくいということが起こります。もちろん，予測しないところで話がつながれば，そこに「えっ」という驚きがあり，印象に残

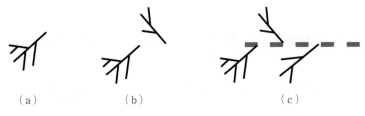

（a）　　　　　　（b）　　　　　　（c）

図1.8　逆茂木型論理構成

る話ができます。しかし場合によっては，例えば話題に詳しくない人が聞いて
いたり，あるいは途中の話が長かったりすると，結局何がいいたいかがわから
ないということにもなります。一直線型に慣れた北米人にとって，逆茂木型の
論理構成は，主張が明白でない，どれが重要な話題なのかわかりにくい，とい
う印象が生まれやすいのでしょう。さきほどの「墨絵のようだ」という言葉は，
明白な論理の筋道が示されない，という印象から生まれたと考えられます。

　読者の皆さんはいままで，議論をするときには「主張や結論は最後に」と教
えられてきたかもしれません。しかしプレゼンではこの考え方は避けたほうが
良いでしょう。忙しい現代人にとってプレゼンの主張が最初の段階で明示され
ることは，そのプレゼンをきちんと聞くか聞かないかを短時間で決めるための
判断材料であり，とても大事なことなのです。1.2.2項でも述べましたが，最
初に簡単に主張に触れ，つぎにその重要性や主張の根拠，あるいは具体的な例
を示し，そして最後に主張についてもう一回繰り返す，というやり方はプレゼ
ンにおいてはある程度一般的だと思ってください。このやり方は，さきほど述
べたパラグラフでの各文の機能にもよく似ています。

1.3節のテイクホームメッセージ：スライドの構成を考えるときには

・聴衆のもつ前提条件を考えます。

・スライドの構造は IMRAD，パラグラフを参考に考えます。

・一般的なこと（結論）から細かい（具体的な）ことへと話を作り
　ます。

2. プレゼンのテクニック：技術編

　プレゼンを説得力のあるものにするためには，いくつかのテクニック（技術）が役立ちます。これらは，第1章で述べた考え方を実践するために考え出され，いままで受け継がれてきたものです。技術を絶対的なものと考える必要はありません。しかし長い歴史を生き延びてきたものですから，これらを自分のものとすることは，プレゼンを成功させるうえで重要なことです。本書ではそれらの技術を三つの節で説明します。最初の節は，図表やイラストを描くときの，そのつぎは文を書くときの，最後はプレゼンターとなるときの効果的な技術について説明しています。

　しかしそれらの説明の前にまず，上記の3点に関して，プレゼンで行ってはならないことについて書いておきます。1.1.3項でも述べたように，それらを明白に意識することが，質の悪いプレゼンをしないことの出発点となるからです。まず，プレゼンはスライドを見せながら行いますので，理解しやすく見やすいスライドを作るというのが大前提です。ですから

　・軸の説明や単位が書いてない図
　・図に書き込まれた記号や線分などが多くて見にくい図
　・数字が小さくて内容が読みとれない表
　・フォントサイズが小さすぎて何が書いてあるかわからない文
　・長すぎて意味がわかりにくい文

などは問題外です。また構造化されていないプレゼンもお話になりません。そこには聴衆に理解してもらおうという意思が見えないからです。いいたいことをわかりやすく伝える努力をすること，がプレゼンの前提条件です。

　さて，スライドにおいてグラフ，イラスト，文字を使うときに配慮すべきことは，それらの色，コントラスト，フォントの大きさなどです。しかし本書ではそれらについてあまり細かい指摘はしません。見やすさを考えれば，おのずと常識的な線に落ち着くだろうと考えるからです。インターネット上にも多くの情報がありますから，それを参考に自分に合ったもの，自分の好きなものを見つけ出してください。またネット上にはテンプレートと呼ばれる，プレゼンに関する定型パターンがあります。これらは必要最小限の情報を入力するだけで目的とするスライドや枠組みを自動的に作ってくれる「はず」のものです。時間がないときにはこれらを使うのが便利かもしれません。しかし，頼りっきりになるのも好ましくありません。というのは，テンプレートがどんな意図をもって作られたかを理解しないで使うと，プレゼン技術の習得が遅れるからです。初心者であってもプレゼンターにはある程度の自由度が必要ですし，どんなものがいいかは自分で考えていただくのがプレゼン技術を磨くのに効果的であるとわれわれは考えています。自分で考えて工夫するとプレゼンの質も上がっていきます。技術の習得というのは何でもそうですが，自分で工夫をしてその結果を確かめつつ，努力を続けることでしっかりと身に付いていきます。これは心理学ミニ知識 1-1 で述べた，動機づけに関する目標設定理論と同じことをいっています。

グラフ・表・イラストの基本的な書き方

　プレゼンでグラフ・表・イラストを使うことの目的は，いま主張していることの説得力を高めることです。そして，その主張を聴衆に一瞬でわからせる（あるいはわかったような気にさせる）ことです。グラフ・表・イラストはそれぞれの目的に応じて効果的な書き方がありますので，ここではそれらのうち最も基本的なものについて説明しましょう。

　本書では，グラフ・イラストを総称して図と呼びます。また，グラフは数量データを点，線，円などの図形で表現したもの，イラストは考えや主張などを

記号，文字，図形で表現したものを意味します。表現の制約上，本書では図に色を使っていませんが，プレゼンにおいてはデータを区別したり強調したりするときに色を使うことは有効ですので，ぜひ工夫をしてみてください。ただし，あまり多くの色を使うと逆に見にくくなりますので，そこは考えないといけません。基本は3色程度とし，あとは濃淡を変えたり，パターンを組み合わせたりすることで，表現の幅を広げつつ，わかりやすさを両立できると思います。

2.1.1　グラフの基本的な書き方

　グラフで数量データを表現するときには，どのような目的で用いるかによって使われるグラフが決まってきます。ほとんどの数量データは，基本的に棒グラフ，折れ線グラフ，散布図，円グラフ，帯グラフ，あるいはその変種のいずれかで表現できます。

　以下に代表的なグラフの簡単な例について説明しますが，その前に一つ注意を促したいことがあります。それは，自動的にグラフを選んでくれるソフトウェアを使ったとしても，そのソフトウェアが作った図がつねに最適なものとは限らないということです。例えばマイクロソフト社のエクセルではデータを選択したあと，「おすすめグラフ」の機能によってデータに相応しい（とAIが判断した）グラフを自動的に書いてくれます。便利な機能ですが，AIの判断が最適かどうかは，プレゼンター自身が判断しなければなりません。また本書では，自動的に書かれた図が自分の主張にふさわしかったとしても，図をそのままカットアンドペーストしてスライドに張り付けることはおすすめしません。軸の単位は適切か，目盛りが細かすぎないか，図のタイトル（表題）は適切かなどをチェックし，図を見やすく加工してからプレゼンに使うようにしましょう。

　例えば，**図2.1**にはエクセルの表（図（a））と，その表をもとに「おすすめグラフ」が作った図（b）がありますが，図（b）を見てわかるように，軸の名前や単位，図の表題がついていません（実際にはAIは複数の図を描きます）。そこで，われわれは図2.1（b）に足りない情報を加えて図2.2（b）のように書き直してみました。両者を比べてみてください。両者の違いは書き

アメリカ	1471.28	1948.54
中国	355.03	1214.36
日本	459.43	486

（a）　グラフ作成に用いるデータ

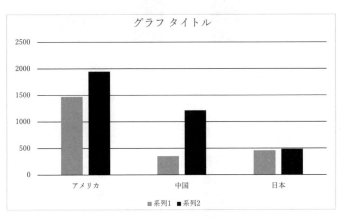

（b）　（a）のデータをもとに「おすすめグラフ」で作成したグラフ

図2.1　エクセルの「おすすめグラフ」を用いて作成したグラフの例

加えた情報以外にも存在します。図2.1（b）では，横軸に沿って縦軸の目盛りが平行に伸びていますが，図2.2（b）ではそうはなっていません。最近は，目盛りに沿った縦棒や横棒を入れないようにして図を書くのが一般的なようです。図の中にそうしたものが混じると見にくくなるためでしょう。なお，グラフの加工の方法はそれぞれのソフトウェア，あるいはそのバージョンによって違いますので，それについては読者のみなさんで調べてみてください。

①　棒グラフ

棒グラフは，順位，変化の差，量の差を強調したいときに使います。要は比較のためのグラフです。**図2.2**を見てください。図2.2（a）は，2017年度の名目GDP（国民総生産）の高い，上位3か国を比較したものです[1]。この図からはアメリカが1位，中国が2位，日本が3位であることや，日本の

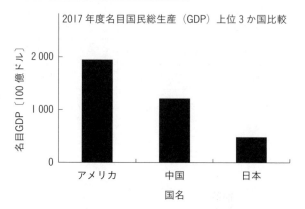

（a）　2017 年度における日米中 3 か国の名目 GDP

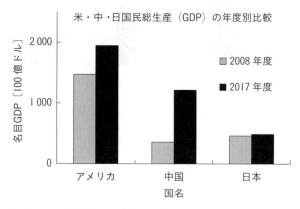

（b）　2008 年度と 2017 年度の日米中 3 か国の名目 GDP の比較

図 2.2　棒グラフの例（図 2.1 と同じデータを使用）

GDP はアメリカのほぼ 4 分の 1 であることなどが見てとれます。なお，この
グラフ（縦棒グラフ）では横軸が比較したい項目になっていますが，軸を入れ
替えて横軸を GDP，縦軸を項目として表現することもできます（横棒グラフ）。
　グラフの場合，その種類に限らず，縦軸横軸それぞれに**軸名**を書いて，軸の
意味がわかるようにしておきます。もちろん，**単位**がある場合はそれも記入し
ます。さらに，グラフが何を示しているのかがすぐわかるように，表題を付け
ます。表題の位置は図の上でも下でもいいですが，あまり長くならないように

しましょう。図（a）の場合は，図の上に表題があります。ちなみに論文の場合は，図の表題と内容の説明（キャプション）は図の下に付けます。

　棒グラフの場合，項目をどのように並べるかによってグラフから得る印象が変わります。例えばこの図2.2では，左から順番に，アメリカ，中国，日本と3か国が並んでいます。われわれ日本人は一般に左から読む習慣をもっていますから，最後に日本のデータを見ることになります。このようにすると，3か国の中でひときわ棒の短い日本の印象が残りやすく，「日本は少ない」ということを強調するときには有効です。同じ理由で，「アメリカが多い」ということを強調するときには，逆に左から，日本，中国，アメリカと並べるのが有効でしょう。

　図（b）では棒グラフのもう一つの例を示しています。この図には2008年と2017年の二つの名目GDPが描かれていて，10年の間に上記3か国のそれぞれでGDPがどう変化したかが瞬時に見てとれます。例えば，日本はさほど増えていないのに，中国は3か国の中では最も大きく増加，アメリカは中国のつぎに増加しています。このように，棒グラフを使って比較を行うと変化の程度を具体的に感じることができるのです。ただし，同じデータでも議論の目的によって書き方を変えることはよくあります。10年間で何倍になったかを強調，議論したいときには，GDPの比率（2017年のGDPを2008年のGDPで割った数字）を棒グラフに描くこともできますし，そのほうがわかりやすいと感じる人もいることでしょう。

　また図（b）では，2008年度のデータは灰色の棒グラフで，2017年度のデータは黒色の棒グラフで表現されています。このような表現をするときには，色の意味を説明するために**凡例**を付けて説明しましょう。凡例は，図中で異なるグループのデータを示すときに使います。異なるグループのデータを示すときには，グループごとに色を変えたり，パターンを変えたりしますが，凡例は色やパターンのそれぞれがどのグループのデータに相当するのかを表します。図（b）の場合は，凡例が図の右側に書かれています。

② 折れ線グラフ

折れ線グラフは変数 x（項目あるいは日付，時間）に対して，もう一つの変数 y（数量）がどのように変化しているかを示すのに使われます。時間（変数 x）の変化につれて数量データ（変数 y）がどのように変化しているかを示すときなどは最適です。例えばさきほどの 3 か国の名目 GPA を，2008 年から 2017 年までの時系列にそって書いてみたものが**図 2.3** です。横軸が年度，縦軸が名目 GPA です。図から見てわかることは，日本は過去 10 年間 500 兆ドルを境にわずかに上がり，下がりを繰り返しながら，一定であることがわかります。またアメリカは最初の数年はほぼ一定ですが，その後少しずつ増加していること，さらに中国は，少なくとも 2008 年から 2017 年までは，つねに増加していることがわかります。

図 2.3　折れ線グラフの例
（2008 年度から 2017 年度まで）

棒グラフと同様，折れ線グラフではいくつかのグループの変化を同時に示し比較することができます。図の場合，▲，□，■の記号がそれぞれ別の国のデータを表現しています。どの記号がどの国のデータを示しているかは，記号の近くに国名を書くことで示しています。これも凡例の一つです。また，図ではデータを点線で結んでいますが，折れ線グラフだからといって必ずしも各データ点を線分で結ばねばならない，というわけではありません。図によっては，見や

すさを考えて線分を使わないほうがいいものもあります（例えば，以下の図2.5では線分を使っていません）。

　ここで折れ線グラフの応用を二つ考えてみたいと思います。いずれも一つのグラフで二つ以上の項目（の変化）を比較します。最初の応用は，左右の縦軸に異なる変数（数量 $y1$ と $y2$）を表現するものです。これを2軸グラフと呼びます。**図2.4** を見てください。この図の横軸は年度を表していますが，右と左の縦軸で表しているものが異なっており，左側が1990〜2015年度までに児童相談所に相談された児童虐待の数，右側が2006〜2016年度までに虐待および心中で亡くなった児童の数を表しています。そして，図から読みとれることは，虐待の相談件数は年度とともに急激に増加していることと，死亡者数には減少の傾向があることです。この図は，聴衆に「虐待の報告数が年々増加しているという事実」と「死亡者数が年々減少しているという事実」の見かけ上の矛盾を，どのように説明するかを考えてもらうことを目的として作ったものです。

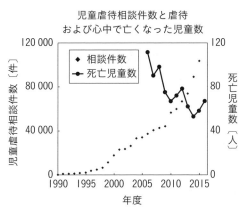

図2.4 2軸グラフの例
（平成28年度警察発表資料より作成）

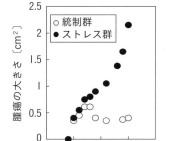

図2.5 折れ線グラフの応用例
（文献2），図2改変）

　折れ線グラフのもう一つの応用は，変数 x に沿って変化する y の値を要因間で比較するなどして，実験や調査で調べた要因の効果を示すために使うことです。例えば**図2.5**では，ストレスが腫瘍の大きさに影響を与えるかどうかを，

ストレスを与えたネズミ（ストレス群）と与えないネズミ（統制群）で比較しています。それぞれの群の複数のネズミに腫瘍を移植し，その大きさ（縦軸）の変化を移植後の日数（横軸）でプロットしています。プロットされた値は平均値です。図2.5と図2.3は，二つ以上の条件で，y値の変化を比較するという意味では，同じような使い方を示していますが，前者では調べた要因が差をもたらしたことを示すのに対し，後者では調べた項目に差があることを示しているだけです。図から明らかなように，統制群のネズミの腫瘍の大きさはほぼ一定ですが，ストレス群のネズミの腫瘍は大きくなっています。腫瘍の大きさに対する日数の影響は統制群でもストレス群でも同じと考えられますから，二つの群の差はストレスの有無がもたらしたと考えられます。この図は，ストレスが腫瘍の大きさに影響することを説明するために作られた図です。

③　散　布　図

変数xと変数yがどのような関係にあるかは，散布図でも表すことができます。散布図は，一方が増えれば一方が減る（あるいは増える）とき，あるいは両者には関係がないことを示すときに使います。要するに，両者に共変関係があるかどうかを示すときに用いるものです。例えば，ある小売店の入店者数とその売り上げ利益の関係，気温とアイスクリームの売り上げ（個数，あるいは利益）の関係など，量的に変化する二つの変数の関係を示すことができます。

図2.6では，さきほどの図2.4のデータを使って2006年から2015年までの児童虐待相談件数（縦軸）と死亡児童数（横軸）との関係を示しました。図から読みとれることは，相談件数の増加とともに死者数が減っていることです。このような散布図を使ってデータを表現するときに気を付けていただきたいのは，散布図は二つの変数がある関係をもって変化していることしか表さない，ということです。図の場合，虐待の相談件数が増えたことが死者数の減少の原因であるとはいい切れません。たとえ二つの変数に共変関係があったとしても，それは二つの変数の間の因果関係を示すとは限らないのです（論理的に議論を進めるにあたっては，因果関係と相関関係を区別することは大事なポイントですので，この点については3.3.1項の③でもう一回説明します）。

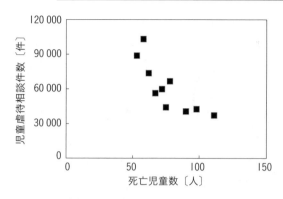

図2.6 散布図の例（図2.4のデータをもとに作成）

ところで，散布図は折れ線グラフとよく似ていますが，いくつか違いがあります。両者の最も大きな違いは，横軸の変数です。繰り返しになりますが，折れ線グラフでは横軸は，項目か時間（日付，年度など）で，散布図の場合，横軸は必ず変化する数量です。例えば，折れ線グラフの場合，横軸に「中学1年生の数学」，「理科」，「社会」，「国語」などの項目をとることができますが，散布図では項目を変数にとることはありません。折れ線グラフでは横軸の変数（項目，日付）間の縦軸の数量の差を示しますが，散布図では横軸と縦軸の数量の関係を示します。ですから，折れ線グラフでは基本，一つの横軸の値に対して一つの縦軸の値が対応しますが，散布図では必ずしも一つとは限りません。例えば図2.4（の折れ線グラフ）では，横軸の値（年度）に対して児童虐待相談件数の値は一つですが，図2.6（散布図）では横軸の値（死亡児童数）に対して，児童虐待相談件数が複数あっても構いません。さらに，散布度を使ってデータを表現するときには，二つの変数の関係を**相関係数**などの**統計的指標**で表現することがあります。その関係に統計的に有意な（意味のある）差があれば，プレゼンの主張の根拠が増すことになります。本書では統計に関する議論をしませんが，ある程度の統計学の知識はプレゼンを行ううえで必要です。

④ 円 グ ラ フ

円グラフは全体に占めるいくつかの項目の割合を比較したい場合に使うもの

2017 年度 GDP 上位 5 か国の割合〔％〕

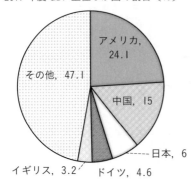

図 2.7　円グラフの例

です。例えば，交通事故原因の種類別での件数の比較，会社の各主力商品の売上高の比較，日本を訪れる外国人数の国別の比較，などさまざまな比較に用いることができます。**図 2.7** では，2017 年度の名目 GDP の総額（80 兆ドル）のうち，上位 5 か国が占める割合を表現しています。このグラフを見ると，アメリカの GDP が世界の約 4 分の 1 であること，上位 5 か国でほぼ世界の GDP の半分を占めていることがわかり

ます。このように，円グラフは割合を直感的に理解するのに優れています。ただし，円グラフはある特定の項目に関する内訳には使いやすいですが，同時に多くの項目を比較するのには向いていません。例えば GDP，半導体の生産量，人口，電気自動車の普及率，の四つの項目についてこの 5 か国で比較したいと思ったとき，一つのスライド上に四つの円グラフを並べると見にくくなりそうです。このようなとき，つまりいくつかの項目で比率を比較しようとする場合は，つぎの帯グラフがおすすめです。

⑤　帯　グ　ラ　フ

帯グラフは，円グラフと同様，割合を比較するためのものです。ただし円グラフと違って，いくつかの項目の割合を比較したいときに使います。**図 2.8** は，日本，アメリカ，中国が経済に関連するいくつかの項目について世界各国の中でどういう位置にあるかを示したものです。帯グラフの場合，項目ごとの構成比をみることが目的なので，横棒の長さはすべて同じ長さになり，100％を表わしています。なお，この図は帯グラフの意味を説明するために，ネット上の統計資料の中で公開されているものを適宜並べたものです。それぞれの項目に特別な意味はありません。

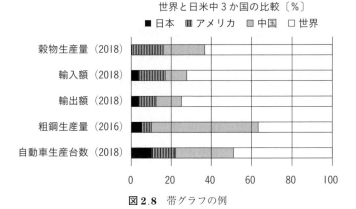

図 2.8 帯グラフの例

2.1.2 表の基本的な書き方

プレゼンで表を使うことはさほどありませんが，各項目間の差を強調したいとき，特にその差分を具体的な数字で示したいときなどに用います。**表2.1**を見てください。これは図2.1（a）のエクセルの表に使用したものと同じデータを論文やプレゼンに使える表にしたものです。表は，グラフと異なり視覚的に差を強調できないという欠点がありますが，具体的な数字を聴衆に印象づけたいときには有効な方法です。ただし，あまり複雑なものを作ってはいけません。複雑になると数字が小さくなって読みにくくなるからです。また，表はあまりごちゃごちゃしないように，縦の線分は使わないのが一般的です。図2.1（a）と比較してみてください。ちなみに，一般的な決まりごととして，表題は表の上に付けます。

ただし本書では，プレゼンでは表はなるべく使わないこと，可能な限りグラフにすることをおすすめします。というのは，プレゼンは時間とともにどんど

表2.1 表の例：日米中の国民総生産（GDP）年度別比較（100億ドル単位）

国　　名	2008 年度	2017 年度
アメリカ	1471.28	1948.54
中国	355.03	1214.36
日本	459.43	486.00

ん進んでいくので，聴衆が一つのスライドに長く注意を保つことが難しいからです。表は図に比べ直観的ではないので，理解するのに時間がかかってしまいます。ですから，そのプレゼンで具体的な数字を示さなければならないときのみ表を使うようにしてください。できれば使わないほうがいいでしょう。

2.1.3 イラストの描き方

本節の最初で述べたように，ここでは考えや主張などを記号，文字，図形で表現したものをイラストと呼びます。例えば本書のカバー，図 0.1，図 2.18 は，著者らが専門家の方に考えを伝えて，描いてもらったイラストです。もちろん考えや主張を自分で自由に描くことができればそれに越したことはありませんが，なかなかそうもいきません。最近は，ネット上で無料のプレゼン用のイラストが入手できますので，それらを利用するのも一つの手だろうと思います（あまり使いすぎると，幼稚に見える可能性もありますから，そこはほどほどに）。

ネット上でなくても，最近のプレゼン用のソフトウェアには最初からそのようなイラストの原型が準備されているものもあります。それらを利用すると比較的簡単にいろいろなイラストが作れます。もちろん使い方に慣れるまでは大変ですが。例えばマイクロソフト社のパワーポイントには，「SmartArt」と呼ばれる機能があり，概念や考え方を表現するためのいくつかの原型が準備してあります。

① プロセス図

例えば**図 2.9** が，本書でプロセス図と呼ばれるものです。このような図は一般に，時間の経過とともに何かのデータや材料が処理（プロセス）されて情報が変化していくことを示すのに使われます。図は，「会社のプロセスモデル」と「健康な企業」という概念を説明するために作られたスライドに使ったものです。このモデル（考え方）において会社の目的とは，そのシステム（会社組織）に人材等の材料を入れて，最適に処理することで，最大限の利益を生み出すことです。そして，利益を最大限にするには，システム内でのスムーズな処理過程を阻害する要因（ハラスメントや学閥など）を排除し，その組織が従業

会社のプロセスモデル
入 力
システム
出 力
・材 料
・サービス
・情 報
・人 材
など
会 社
(最適化)
最大限の
利 益
・従業員の物理的安心
・従業員の心理的安心（心理的安全性）

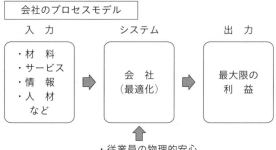

図 2.9 プロセス図の例：会社のプロセスモデル

員の肉体的かつ精神的な安全を担保することが大事であると考えられています。図ではこの考えを，材料が左から右へ流れ，長方形の中で処理されて出力されるという単純な情報処理のモデルで表現しています。プロセス図では，情報や時間の流れを表すときには矢印を使うのが一般的です。

また，プレゼンでの話題を時系列ごとに説明するときに使う図の例を**図 2.10**に示します。この図は比較的長い講演のときに，目次として使われたものです。左側の四つの矢印は縦方向に並んでいますが，これは上から下に時間が進むことを示しています。矢印の右にはそれぞれ，枠に囲まれた長方形があり，このプレゼンは四つの主要な枠組みから構成されていることがわかります。それぞれの長方形には各枠組みの内容が示されています。この図はプレゼンの中で 4 回使われました。比較的長いプレゼンの場合，聴衆にいままで何をプレゼンし

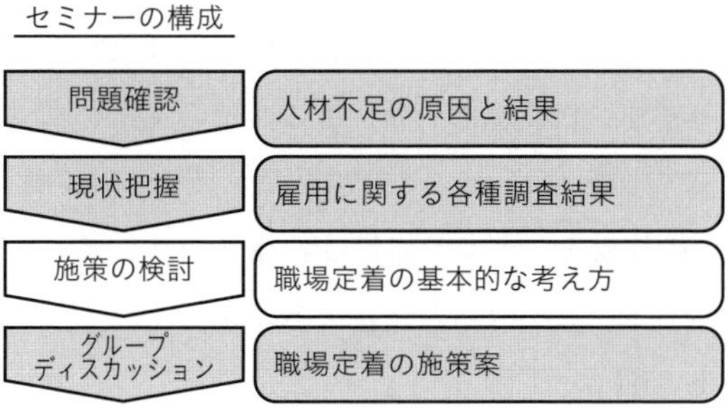

セミナーの構成
問題確認
人材不足の原因と結果
現状把握
雇用に関する各種調査結果
施策の検討
職場定着の基本的な考え方
グループ
ディスカッション
職場定着の施策案

図 2.10 プロセス図の例：時系列ごとの説明

てきたかを思い出してもらい，つぎにどんな話をするかに注意を向けてもらう必要があったからです。ちなみに，図では四つの枠組みを示す矢印のうち3番目の矢印が白く，ほかの三つの矢印は灰色で描かれています。こうすることで聴衆は，2番目までの話が終わり，いまから3番目の矢印の右側に記された内容の話が始まるということが理解できます。

② ツ リ ー 図

図0.2や図1.7は，本書ではツリー図と呼ばれるものです。ツリー図は考えや思想の構造を分類したり，組織の構造を示したりする場合に使います。

図0.2ではこの本の構造（本の設計思想）を表現しています。全体がいくつかの章からなっており，それぞれの章がいくつかの節で構成されていることを示す図です。図は左から右へ向かって，全体から細部へという構造を示しています。一方図1.7は，論文を構成している要素を説明するためのものです。この図では上から下へ向かって，全体から細部という構造が示されています。ツリー図は全体の構造とそれを構成する要素を考えながら作りますから，自分の考えの全体像をまとめたり，構成する要素についてプレゼンのストーリーを考えたりするのにも有用です。

③ ベ ン 図

図2.11がベン図と呼ばれるものです。ベン図はある集団の特徴と別の集団の特徴との抱合関係（重なり具合）を表すのに使われます。図（a）では左側の円は魚が好きな人の集団，右側の円は肉が好きな人の集団だとしています。とすると，二つの円が重なった部分は魚も肉も好きな人の集団を表します。この単純な図を使うと，概念，考え方，思想といった抽象的なものの抱合関係も理解しやすくなります。例えば図（b）はこの章の主張を表現するために作られたものです。この図を使うと，（1）プレゼン技術には3種類ある，ということと（2）三つの技術をすべて身に付ければ良いプレゼンができる，という主張を聴衆に「視覚的」に見せることができます。

④ リ ス ト 図

図2.10の左側の四つの矢印，もしくは右側の四つの長方形のみを抽出する

魚が好き
肉が好き
図・イラストの
書き方
文の
書き方
プレゼンター
の心得

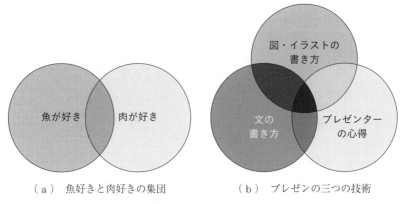

（a） 魚好きと肉好きの集団　　（b） プレゼンの三つの技術

図 2.11 ベン図の例

と，本書でリスト図と呼ばれるものになります。図 2.10 では左側が話す項目の時系列を，右側がその項目の内容を示しています。リスト図は複数の項目を含むことを説明するときに使います。同様に，**図 2.12** は，2.1.1 項で説明したグラフの種類に関してリスト図を作ったものです。上の四つの四角形の枠の中には図の名前が，下の四つの四角形にはそれぞれの図の使い方の特徴が書かれています。

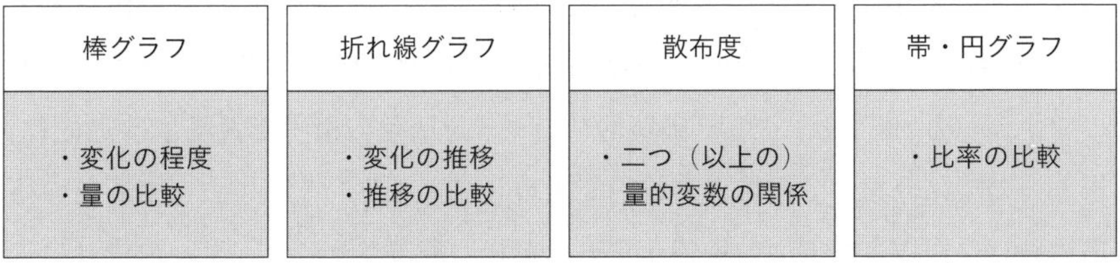

棒グラフ
折れ線グラフ
散布度
帯・円グラフ
・変化の程度
・量の比較
・変化の推移
・推移の比較
・二つ（以上の）
量的変数の関係
・比率の比較

図 2.12 リスト図の例：グラフの機能の比較

リスト図では四角形以外の図形も使います。例えば**図 2.13** を見てください。三角形，円が使ってあります。図（a）は一つの概念（破壊的リーダー行動）を三つの要素の相互作用で説明するための図です。また図（b）は一つの概念（破壊的リーダーの追従者）を五つの型に分類して説明するための図です。図（a）は破壊的リーダー行動に関する「毒の三角形モデル」を説明しています。この図では，破壊的リーダー行動（1.2.2 項を参照）を三角形で，三つの要素

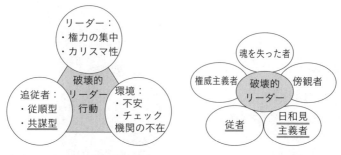

（a）　破壊的リーダー行動に関する 　　　（b）　破壊的リーダーの追従者
　　　　「毒の三角形」モデル 　　　　　　　　　　の五つの型

（b）の五つの追従者の概念のうち，「従者」と「日和見主義者」に二重
下線が引いてあるのは聴衆の興味を引くためである。実際の説明の際は，
下線部のテキストの色を変えた。

図 2.13　リスト図の例：毒の三角形モデルと破壊的リーダーの追従者

（破壊的リーダー，感化されやすい追従者，生じやすい環境）を三角形の頂点
付近の円で示しています。文献3）によれば，破壊的リーダー行動はリーダー
一人だけの問題ではなく，そのようなリーダーが生まれやすい環境，また破壊
的リーダーに追従して一緒になって破壊的行動を行う追従者の三者の間の相互
作用とその結果によって生み出されるものとされています（毒の三角形モデ
ル）。なお，図（a）は文献3）の図1を，プレゼン用に筆者らが修正したも
のです。一方，図（b）では，破壊的リーダーを灰色の楕円で表現し，「追従者」
を五つの型に分類して白抜きの楕円で表現しています。それによって灰色の楕
円の周りに白抜きの五つの楕円が正五角形状に配置され，リーダーの周りに追
従者が集まっている様子を連想させます。図（b）は文献4）の図2を修正し
たものです。

2.1 節のテイクホームメッセージ

・図，イラストは伝える内容によって異なる種類のものを使います。

・表は具体的な数字を示すことがプレゼンに不可欠なときのみ使い
ます。

2.2 文 の 書 き 方

当たり前ですが，意味の通じない文，わかりにくい文（悪文）をスライドに書いてはいけません。この節ではまず，どのようにして悪文を避けるか，スライド上で使うべき文とはどのようなものか，を議論したのち，文を強調するときのテクニックについて説明します（文と文章の定義については，P.11 の脚注 1 を見てください）。

2.2.1 悪文を避ける：長くて曖昧な文は書かない

わかりにくい文を避けるために，ここではどんな文が悪文になるのかを考えてみます。悪文の特徴はさまざまですが[5]，ここではそのうち二つの特徴について触れます。最初の特徴は長いことです。文が長くなるとその文のどれが主語でどれが述語なのかがわからなくなり，意味がとれなくなります。プレゼンのときだけでなく，一般的な文を書くときでも，主語と述語が何回も出てくるような文を書いてはいけません。以下に私が悪文であると感じた例を示します。

> 「特別支援教育は，障害のある幼児児童生徒の自立や社会参加に向けた主体的な取組を支援するという視点に立ち，幼児児童生徒一人一人の教育的ニーズを把握し，その持てる力を高め，生活や学習上の困難を改善又は克服するため，適切な指導及び必要な支援を行うものである。」[6]

この文は，2005 年に文部科学省から出された，特別支援教育の推進についての通知の一部を抜粋したものです。特別支援教育の理念について書かれたものですが，1 回読んだだけで内容が頭に入る人はどの程度いるでしょうか。じっくりと眺めると，この文の主語は「特別支援教育は」であり，述語は「（… 支援を行う）ものである」ということがわかります。しかし，それらの間にいくつかの主語と述語からなる節があります。この文では主語と述語との距離が離れているうえに，その間に複数の節があり，前の節と後ろの節の関係も明白ではありません。そのために文の主張が不明瞭になっているのです。

　読点の位置から判断すると,「… 視点に立ち」,「… を把握し」,「… を高め」,「… するため」が述語を修飾しているように見えます。書かれていることだけから判断すると,これらのうち前の三つの節の主語は「特別支援教育は」でしょうか。そうすると,最後の節の主語は（書いてありませんが）,「幼児児童生徒が」だと思われます。四つの節の間で主語が異なっている（と思われる）ので,この文の意味を一読で理解することが難しいのです。日本語には,話し手（書き手）と聞き手（読み手）の間に暗黙の了解がある前提で主語を省くことがあります。しかしプレゼンの文では,主語が明白なときを除いて,**主語を省いてはいけません**。もちろんこの通知が出されるにあたっては書き手と読み手に暗黙の了解があるのかもしれませんし,前の文があれば主語がなくとも理解できるのかもしれません。ですが,プレゼンにおいてはそうした文は避けるべきですし,そもそもこんなに長い文は使ってはいけません。

　2番目の悪文の特徴は,いくつかの解釈ができる曖昧な表現が存在することです。指示代名詞（1.3.2項の ③ を参照）を使いすぎたり,その使い方が不適切であったりすると文章の意味を理解するのが難しくなります。さきほどの通知文の例の中ですと,「その」が指示語ですね。この例では,「その」はすぐ前の「生徒 … 一人一人の」を示していることが容易にわかります。このように,指示語は指示する内容のすぐ近くに置くことが,意味のはっきりした文にするための一つのコツです。例えばプレゼンの場合は,以前のスライドで使った単語の指示代名詞をいま提示しているスライドで使ってはいけません。

　また,形容詞,副詞等の位置や句読点の使い方が不適切であったりすると二つ以上の解釈が可能になってしまう場合もあります。例えば「足の長い子犬を抱いた少年」という句の場合,「足が長い」のが「子犬」なのか,「少年」なのかわかりません。このような曖昧な文はよく見られますので気を付けてください。プレゼンでは,読んだときに解釈が一つだけになるような文を使ってください。

2.2.2　基本は単文で書く：わかりやすさを心がける

　プレゼンでは，聴衆がスライドに書かれた文に目を通したとき，短時間で意味がわかるようにしなければいけません。ですから当然，短く，単純で，わかりやすい文を使う必要があります。それではどのような文がいいのでしょうか。

①　**単 文 に す る**

　一番の基本は単文を心掛けることです。単文というのは，大雑把にいえばその中に主語と述語が一つずつある文です。もちろん，そのような文でも修飾語（主語や述語を説明する単語など）が多ければ誤解のもとになるので，それらは必要最小限にします。そして重文や複文は避けます。重文，複文というのは，これまた大雑把にいうと，単文が句点なしに複数つながっているような文のことです。2.2.1 項の通知文がその例になります。複数の単文から構成された文は，うまく書かないと何がいいたいのかわかりにくくなってしまいます。

　単文にするときには，意味の曖昧な形容詞や副詞を使わないようにします。形容詞（美しい，醜い，多い，少ない，など）や副詞（とても，まったく，非常に，など）は主観的なものが多いので，客観的な記述を心掛けると不要な場合がほとんどです。不要な形容詞や副詞を省けば，文は短く単純になり，より直接的に聴衆に働きかけます。もちろん，そのままでは意味が曖昧な形容詞でも意味を限定して使うことはできます。例えば 2.2.1 項の通知文，あるいは図 2.14 の中に「適切な」指導という文言がありますが，それだけですと何が適切なのかよくわかりません。下野には「彼らの持てる力」というのも曖昧に聞こえます。なので，プレゼンでこれらの形容詞を使いたい場合，使う前に何らかの説明をする必要があります。一つの方法は，具体的な例を挙げることです。プレゼンでは，聴衆にとって明らかな場合を除き，使われる単語には「**定義**」が必要になります。

②　**箇条書きにする**

　単文にすることに加えて，主張などが長くなるときには箇条書きにすることを心がけてください。最初に書いた文が長かったら（複文とか重文であったら），それをいくつかの単文に分けましょう。それから文の関係を考えます。このと

き，理由について書かれた文，例について書かれた文，結果について書かれた文が複数ないか，に注目しましょう。例えば，理由に関して複数の文が見つかれば，

> …の理由は三つあります。
> 最初は…。2 番目は…。3 番目は…。

というふうに順番に書くことができ，短い文で箇条書きにできます。ついでに，箇条書きにするときに体言止めになるように心がければさらに短くなります。長い文を推敲するときには箇条書きにできないかをしっかり考えてみてください。

　2.2.1 項の通知文を箇条書きに直してみたものを**図 2.14** に示します。もともとスライド用ではないものを，専門家ではない著者らが無理やり箇条書きにしているので，必ずしも意味が明白というわけではありません。しかしながら，少なくとも箇条書きにすることで文の構造を明らかにすることができました。箇条書きにしても意味がうまく通じないということは，その文が悪文であるという印でもあります。また，箇条書きの書き方については，図 2.12，図 2.13 なども参考にしてください。

```
特別支援教育とは：

　障害のある幼児児童生徒一人一人の
　　① 教育的ニーズを把握し，
　　② 持てる力を高め，
　　③ 生活や学習上の困難を改善又は克服するた
　　　　めに，適切な指導及び必要な支援を行うもの。

指導・支援に際しては，彼らの自立や社会参加に向
けた主体的な取組を支援するという視点に立つ。
```

図 2.14　長文を箇条書きに直した例

　長文を箇条書きにするという考え方は，**パラレル構造**（parallel construction）という英語論文の構成をするときの考え方と似ています。パラレル構造というのは英語で文を書くときに使われる構造で，文を構成する要素どうし（単

語，句，節，パラグラフなど）になるべく同じような形式を与えることです。同じ文法構造のほうが読者にとって早く理解しやすいし，記憶に残りやすいと考えられるからです。これは 1.3.2 項の ① で説明した「記憶の体制化（心理学ミニ知識 1-2)」と同じような考え方です。ある基準で分けられて提示されるほうが，基準なく提示されるよりも記憶に残りやすいという考えでした。日本語では意識してこのような構造を作ることはしませんが，わかりやすさという点でプレゼンには欠かせない構造です。

　箇条書きするときは，このパラレル構造をとるほうが聴衆にとってより親切です。例えば，図 2.13（a）を文章で説明しようとすると

　破壊的リーダー行動の三つの要因：

1. 破壊的リーダー

2. 影響を受けやすい追従者

3. 生じやすい環境

というような書き方ができるでしょう。こうすることで，聴衆はまず「要因が三つあること」を学び，それから 1., 2., 3. の項目ごとに詳細を学ぶことができます。ちなみに，図 2.11（b），図 2.12，図 2.13，図 2.14 でもなるべく文法的要素が揃うように書いています。枠組みやスライドに関連したパラレル構造は 3.2.3 項の ③ でも見ることができます。

③　抽象的な単語の使用，表現を避ける

　わかりやすい文を書くには，抽象的な単語や表現をなるべく使わないようにしましょう。抽象的な単語や表現は理解を妨げ文の意味を曖昧にします。その結果，聴衆はプレゼンを積極的に理解しようという意欲を失ってしまいます。例えば，図 2.14 の中の「教育的ニーズ」が具体的に何を意味するのかは，この図だけからは理解できません。プレゼンで「教育的ニーズ」のような抽象的な単語を使わなければならないときは，それが出現するスライドを提示しているときに口答で説明するか，そのすぐ前後の別のスライドで単語の具体的な説明をする必要があります。抽象的な単語を使うときにも，さきほど述べた曖昧な形容詞や副詞を使うときと同様，聴衆がその意味をわかるように明白にする

必要があるのです。もちろん明白という言葉の度合いは聴衆によって異なりますので，注意しましょう。

2.2.3 文の効果的な使い方：強調法

① 字体を操作する

スライドの中で，文とか，単語とかを目立つようにするには，それらの大きさを変える，字体（フォント）を変える，下線を引く，色を付けるなどの方法が考えられます。著者らも，強調するときは強調する単語や句の大きさ，文体を変えたり，あるいはその部分に下線を引いたりします（図2.13を参照）。どの方法でも構いませんが，同じプレゼンの中では，強調する方法は統一するようにしてください。

またコンピュータで作成したスライドの文字の大きさなどが適切で，予期した強調効果が得られるかどうかは，スライドを提示するスクリーンの大きさやプレゼン会場の広さにも依存します。ですから，可能ならば事前にプレゼン会場を下見し，プロジェクターにスライドを映してみて，プレゼンターから一番離れた場所で，書かれた図や文字を確認してみてください。自分が使った強調の方法が有効かどうかはっきりするでしょう。

では，見やすいフォントとはどんなものでしょう。残念ながら著者らは，見やすいフォントはどれかについて調べた実験とその結果については知りません。ただわれわれ自身の経験から，初心者には「ゴシック体」をおすすめします。見やすいですし，力強い印象を与える字体だと思います。ゴシック体にもいろいろありますが，例えば本書の図でおもに使っているのは，「こぶりなゴシック」と呼ばれるものです。

一方，色の使い方に関しては気を付けるべき点が二つあります。2.1節の最初でも述べましたが，一つ目の点は色を使い過ぎないということです。図の場合と同様に，文の場合も色を使いすぎるとどの部分が大事なのかがわかりにくくなります。また，色が多いとごちゃごちゃして見にくいということもあります。二つ目は，すべての人で色の見え方は同じではない，という点です。した

がって，自分が見やすいと考えて使った配色が，人によっては見にくいということもあり得ます。この点を考慮してすべての人に見やすい配色を使おうという，「カラーユニバーサルデザイン」という考え方があります。現在のところこの考え方は主流とはいえませんが，今後考えていくべきことかもしれません。

②　配置を考える

　文を配置するときに気を付けることは，余白を残すことと文頭を揃えることです。スライドいっぱいに文字を書くと読みにくい印象を与えますので，余白をとって読みやすいように配置しましょう。じつは，2.2.2項の図2.14はわざと余白を残さないようにして作ってあります。読者のみなさんもバランスが悪いと感じたかもしれませんね。この，スライドは余白を残すようにして作成するというやり方は，文を使ったスライドだけではなく，あらゆるスライドにおいて共通です。例えば図2.14までのスライドの例（図2.1～図2.13）ではグラフ，イラストを，スライドいっぱいに詰めこまないことを意識しながら作成しています。

　また同じ水準の文（目次，箇条書きなど）は，その文頭を揃えるようにしてください。図2.14の箇条書きの文頭は揃っていますね。図2.10の右側のタイトルを囲む四つの四角形の中の文も揃っています。これらが揃っていない状況を想像していただけばわかると思いますが，揃わないと配置のバランスが崩れてしまい，聴衆に準備が不十分だという印象を与えてしまいます。あまり細かいところにこだわるのは考えものですが，文法的要素が同じなら（図2.14），あるいは文でなくとも四角形や円（図2.12，図2.13）を使うときにはそれらの大きさや位置に注意しながら配置を考えるようにしてください。

　「でも図2.10の左側の目次は文頭が揃ってない」と感じた読者もいらっしゃると思います。確かに，例えば図0.2などでも，一番左側の四角形では文頭が揃っていません。これは四角形の中に一列で文や句などを並べることができなかったからです。箇条書きするときなど，それぞれの文などが似たような長さとは限りません。そのようなときには数行以上にわたって書くことになります。でもバランスが悪いときには，つねに文頭を同じにするという原則に従わ

ないで，左右対称（両端揃え）になるようにすると，それほど違和感なく感じます。図0.2も図2.10も両端揃えです。もちろん，文などを入れる図形（四角形など）は水平位置，あるいは垂直位置が揃うように気を付けましょう。

③ 図やイラストと組み合わせる

第1章で「一つのスライドに情報を詰めこみすぎないように」と書きましたが，かといって一つのスライドの中でグラフやイラストと文を組み合わせてはいけない，ということはありません。むしろ積極的に行うことをおすすめします。グラフを簡単にして，いいたいことを簡単なイラストや文と組み合わせれば，より明白なメッセージを伝えることができます。例えば図2.2（b）で読みとれることを強調したいときは，**図2.15**のように図の右側に文章を入れる

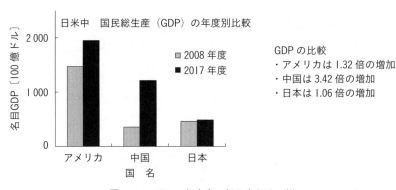

図2.15　グラフと文章の組み合わせの例

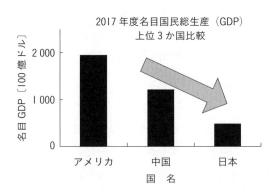

図2.16　グラフとイラストの組み合わせの例

こともできます。この図では実際のプレゼンにおいて，グラフを説明してから
その内容をまとめた文章で補足することを念頭に置いています。なお，文章で
説明してからグラフやイラストを示すときには，文は左側，グラフやイラスト
は右側にするのが有効です。その理由は 2.1.1 項の ① で説明したことと同じ
です。また，図とイラストを組み合わせるのも，いいたいことを強調する方法
の一つです。例えば，図 2.2（a）において日本の GDP が少ないことを強調
したいときには，右下がりの矢印を加えるとより強調することもできます（**図
2.16**）。

2.2 節のテイクホームメッセージ

・悪文を書いてはいけません。

・単文を書きましょう。

・文を強調する方法を学びましょう。

 ## プレゼンターの心得

　プレゼンターの心得として，本書では話し方，緊張との付き合い方，時間管
理について説明します。もちろんそれ以外にも，人前で話すときには，聴衆に
不快な印象を与えない話し方や身なりをすることは大前提です。服装といえば，
40 年ほど前に下野がフロリダで行われた国際会議に参加したときは，短パン，
T シャツ，ビーチサンダルという格好の人が多くいてたいへん驚きました。ま
たその経験のあと，沖縄で国内学会に参加したときについ短パンと T シャツ
で行ってしまったところ，大学の先輩から小言をいただいたことも思い出しま
す。当然ですが，聴衆がどのような人たちであるかによって，ラフな服装でも
受け入れられる場合もあるでしょうし，フォーマルな服装を要求される場合も
あるでしょう。繰り返しになりますが，聴衆のことを考えるということはプレ
ゼンの基本的な心構えの一つです。

2.3.1 話　し　方

プレゼンでの話し方で注意すべきこととして，本書では，声（声量・発音・話す速度），ジェスチャー，視線方向の三つの項目について説明します。どれ一つとってもプレゼンには欠かせない項目です。ここでは，プレゼンは論理的なものであるとともに聴衆の共感を得る作業でもあるということを念頭においてください。第1章で述べたように，プレゼンの途中で「転」を使ったり，プレゼンの導入部などで自分の経験を語ったり，時事ネタを語ったりすることは失敗のリスクがある一方で，もしそれが成功すれば聴衆との距離を縮め，共感を得ることができます。そういった方法に限らず，話し方は聴衆との距離を縮めるための大事な方法です。

①　声量・発音・速度

プレゼンのときの声について気を付けるべき点は，声量，発音，速度の3点です。声が小さすぎたら何をいっているかわからないし，かといって大きすぎても，うるさいだけです。また，発音が悪く聞きとれないのは問題外です。つねに同じ声量で話し続けてもいけません。話が単調になり，聴衆は何が大事なところなのかがわかりませんし，眠たくなります。大事なことは少し大きな声で，なおかつ明瞭な発音で話すことです。そして，聴衆に注意を払ってもらいたいときには少し大きな声で，なおかつ少し「間」をとって話したほうが効果的です。間を設けることで，聴衆が「大事なこと」について考える時間が作れるからです。ただし，考える時間といってもあまり長くては話が間延びしますので，数秒ぐらいが適当かと思います。これは，聴衆に質問を投げかけて考えてもらうときにも有効な方法ですね。声の大きさを変え，間をとるということは，いいかえれば「**抑揚**」を付けることです。プレゼンのときは，声量に抑揚を付けることで聴衆の注意をある程度引きつけることができます。

適正な音量，明瞭な発音ができていたとしても，速度がふさわしくなければ台無しです。話す速度が速すぎても，遅すぎても問題が生じます。速すぎるとつぎからつぎへと話題が出てくるので聴衆が疲れてしまい，考えることや理解することを止めてしまいます。反対に遅すぎても間延びしてしまうので，やは

り聴衆の聞こうとする意欲が失われます。それではプレゼンをする意味がありませんね。抑揚を付けることと同じ意味ですが，聴衆に話についてきてもらうには，大事なところをゆっくり話したり，聴衆に質問を投げかけたりして，彼らが考えることができるような時間を作ることが大切です。そのためには，つねに同じ速度で話してはいけないのです。単調な話し方では聴衆は飽きてしまいますので，「**緩急**」を付けて話すことが重要です。

　それでは，自分の話し方が適切であるかを知るにはどうすればいいでしょうか。二つの方法を提案します。最初の方法は，親しい人にプレゼンを聴いてもらって話し方についての意見を聞いてみることです。いいにくいことでもきちんと教えてくれる人，できればプレゼンの経験がある人に聞いてもらって，話し方のアドバイスを受けましょう。もう一つの方法は，自分の話し方を録音して自分で聞いてみることです。録音した自分の声は，いつも聞いている自分の声とは違って聞こえます。著者らの経験では録音した自分の声を聴くのは不快なものですが，そこは我慢して，自分の滑舌はどうか，平板な話し方をしていないかなどをチェックしてみてください。自分の声が小さいと自覚している人は，まずは大きな声を出すという練習から始めてもいいかも知れません。カメラを内蔵したパソコンをおもちの方は，音声だけではなく画像も収録できますから，それを使うと自分の表情をチェックすることができますね。

　また，声を使って聴衆に何かの感情（楽しさ，悲しさ，怒りなど）を伝え，プレゼンの説得力を高めるという方法もあります。自分の声に感情を込め（あるいはそれに加えて，以下に述べるようなジェスチャーや表情などの身体表現を行えば），聴衆の注意を引き，さらに聴衆からの共感を引き起こすことができます。同じ時間，同じ感情を共有できれば，聴衆にあなたの話を印象づけられるし，その説得力を高めることができるのです。この本では論理的な説得のほうを強調したいので，初心者にはすすめませんが，他人を説得する方法は必ずしも論理的なものばかりではないことは覚えておいてください。

　② 　**身振り手振り（ジェスチャー）と表情**

　声の出し方に加えて，プレゼンのときには，体（例えば手足，眼や頭）を動

かすことも必要です。体の動かし方（ジェスチャー）を工夫することで，聴衆との一体感，共感を作り出すことができます。このことは，自分が聴衆として誰かの話を聞いているときを想像すれば理解しやすいと思います。話し手があなたの方を向き，目を合わせ，微笑んだり，うなずいたりしたらどうでしょう。あなたはつい，話を聞いてしまいそうになりませんか。さきほどの話し方の抑揚と緩急に加え，ジェスチャーを交えることは，話し手からすれば聴衆の注意を引きつける重要な手段ということになります。

　ジェスチャーにもいろいろあります。例えば，強い意思や喜びを示すときには軽く拳を握り締めるというやり方があります。量の多さ，程度の大きさを強調するときには両手を広げてもいいでしょう。悲しい感情は目を伏せるとか，下を向くことで表現できます。「私は」などといいながら，自分を表現するときに胸に手を当てる，「皆さん」といって語りかけるとき，両手を軽く広げるというジェスチャーなどもあるでしょう。もちろん，声の感じは感情と一致させるようにします。ある意味，演技をしているつもりになってもいいかもしれません。

　いままで見た中で下野が印象深かったジェスチャーは，TED[†]の中で見たものです。プレゼンターが「今日私が話したいことは三つあります」といいながら，手を上げて指で「3」を作りました。このジェスチャーで下野には，「三つある」ということが強く印象づけられました。どのようなジェスチャーがあるのかを観察するために，われわれは読者の皆さんにぜひTEDでの配信をいくつか視聴してみることをおすすめします。プレゼンターがどのようなジェスチャーや声の抑揚で講演を行なっているかをよく観察して，どのジェスチャーが自分のプレゼンに役に立ちそうかを考えてみてください。プレゼンの構造がしっかりしているうえに，ジェスチャーが印象的であれば，よいプレゼンになること間違いなしです。

[†]　TEDとは Technology Entertainment Design の略で，全世界にさまざまな講演（の動画）を無料でネット配信している非営利団の呼称，あるいはそこで配信された動画のことを意味する。

さて，好ましいジェスチャーがある一方で，「好ましくない」ジェスチャーもあります。ですからプレゼンの技術を向上させるためには，好ましくないジェスチャーを意識的に少なくする努力も必要です。好ましくないジェスチャーとは，聴衆に不快感を与えたり，プレゼンターの不安や自信のなさなどを伝えてしまうようなジェスチャーです。例えば，

- プレゼン中に貧乏ゆすりをする
- 壁や天井を頻繁に見たりする
- プレゼン中に両手をポケットに入れる
- 一点だけを見つめている

などが挙げられます。また，プレゼンターが不貞腐れたような態度を示すことは好ましくありません。胸をそらしすぎたり（不遜な態度に見えます），背を丸めたり（自信がないような印象を受けます）もしないようにしましょう。このような癖は自分ではなかなか気が付きませんから，親しい人の前でプレゼンを行い，自分が思わずやってしまうジェスチャーの中に不快感を生むものはないか，たずねながら修正する練習をしましょう。そして事前に練習をして，可能な限り悪い癖を無くしてから本番に臨みましょう。また，これもさきほど述べたことですが，パソコンで練習を録画して自分の癖をチェックするのも一つの方法です。

プレゼンのときの表情は，二つの意味で大事です。これも聞き手の立場から考えれば理解できます。プレゼンターの表情が不快そうだったり，不安や自信のなさを伝えるようなものであったならば，その人の話を聞きたいと思いますか？　一般的に好ましいのは，笑顔を作ることです。極端な作り笑いは NG ですが，笑顔は聞き手によい影響を与えるばかりでなく，プレゼンターにもよい影響があります。笑いという表情を作ることで無意識のうちに「楽しんでいる自分」を作りだせる可能性があります（心理学ミニ知識2-1）。

③ 視 線 方 向

話すときは聴衆を見るようにします。これも自分が聴衆であると仮定すれば，その理由がわかります。話し手がこちらを見ないで，手元ばかりを見ていたと

心理学ミニ知識 2-1
笑顔とプレゼン

　感情に関する理論には，人は自分の表情から自分の感情を読みとるのだ，と主張するものがあります。つまり「楽しいから笑っているのではなく，笑っている表情をしているから楽しいと感じるのだ」，あるいは「不快だから眉をひそめているのではなく，眉をひそめているから不快に感じるのだ」という説です。一見矛盾しているような考え方ですが，いろいろな研究を通してこの考え方の妥当性はある程度示されています。例えばストラックらの研究[1]が代表的なものです。ストラックらは2群の実験参加者にそれぞれある条件のもとで同じ漫画を読んでもらい，その漫画が面白かったかどうかを聞きました。一方の群の参加者はペンを唇で挟んで読む条件で，他方の群の参加者は歯でペンを挟んで読む条件でした。その結果，歯を使った群の参加者のほうがより多く「面白い」と答えました。一体なぜでしょう。歯でペンを挟んで読む場合には，笑うときと同じような顔の筋肉が使われています。ですから，人間は自分の表情から自分の感情を読みとるような機能をもっており，自分が笑顔を浮かべているから楽しいと判定したのではないかと解釈されています。このような働きはなにも笑顔にだけ起こるわけではありません。最近では眉間の筋肉を動かさないようにすることで，うつ病による気分の落ち込みを治療するという方法も提案され，一定程度の効果が得られているそうです（文献2）p.386）。この方法は筋肉を動かさないようにすることで，眉間の筋肉を寄せることに伴う否定的な感情が抑えられると仮定しています。このような表情から感情を自動的に読みとる現象は感情の表情フィードバックと呼ばれています。以上のようなことから，プレゼンのときに笑顔を作る「自分は楽しんでいる」という感情が生まれやすくなる，と考えられます。

引用・参考文献

1)　Strack, F., Martin, L. L., and Stepper, S.：Inhibiting and facilitating conditions of the human smile：a nonobtrusive test of the facial feedback hypothesis, Journal of personality and social psychology, **54**, 5, pp.768 ～ 777 (1988)
2)　D. マイヤーズ著, 村上郁也訳:カラー版 マイヤーズ 心理学, 西村書店 (2005)

しましょう。そんなプレゼンターに出会ったとき聴衆は,「この人はちゃんと練習しなかったのかな」,「自信をもってこっちを見ることができないのかな」,「ちゃんと話したくないのかな」などというような否定的な印象をもつでしょう。そんな印象をもちながらプレゼンを聞いても,それは聴衆に響きそうもありません。基本的にプレゼン中にはあまり手元を見ないのが鉄則です。もちろん,時折手元の資料を見たりするのは問題ありません。ですが,つねに聴衆の眼を意識することを心がけましょう。

聴衆を見るといっても,プレゼンのときには一人だけに視線を向けるのではなく,ゆっくりと満遍なく全体に視線を動かすようにしましょう。特にプレゼンの最初は,聴衆の前からでも後ろからでも,自分の無理がない範囲で全体を見渡すことを意識します。われわれは,視線をあまりきょろきょろと動かすのではなく,一人の聴衆と数秒目を合わすような感覚で話をするのが良いと思っています。ただし聴衆が少ない場合は,一人ひとりに話しかけるようにしましょう。もちろん,会社でのプレゼンのときなど,説得すべき人(例えば,上司)が誰なのかはっきりわかっているならば,上記に加えて,その人に視線を向けるのがいいでしょう。また,その人を中心に全体を見渡すという方法もあります。いずれにせよポイントは,ゆっくりと,自信をもって(いるふりをしつつ),聴衆と視線を合わせながら話をするということです。

それから,ある程度プレゼンができるようになったら心掛けたいこととして,スライドを説明するときにスライドのほうを向かずに聴衆の方を向いて話をする,ということが挙げられます。初心者には難しいことではありますが,努力目標の一つにしておいてください。

2.3.2 時間の管理

プレゼンは多くの場合,前もって時間が決められており,時間制限があります。もしあなたが時間を超過してしまったら,ほかの人のプレゼンに影響を与えるかもしれません。時間の厳守はプレゼンで最も大事なルールの一つです。もし,あなたのプレゼンを評価する役割の人が,時間通りに終わらないあなた

のプレゼンを見たらどう思うでしょうか。与えられた時間をきちんと守るということを心がけながらプレゼンを作成してください。

プレゼンの時間制限は，プレゼンの戦略に大きな影響を与えます。時間によって提示できるスライドの数が異なってくるので，必然的にプレゼン内容も変わってきますね。ですが，戦略に大きな影響を与えるとはいっても，聴衆のことを考えるという基本は変わりません。皆さんの，いままでの経験を思い出してみてください。スライドの量が多いうえに早口で話されて，話についていけなかったことはありませんか。1枚のスライドの説明が長すぎて，退屈で眠たくなったことはありませんか。一般に，10分から15分程度の短いプレゼンでは，1分間につきスライド1枚程度を説明するのが聴衆にとって理解しやすいスピードだといわれています。ですから，例えば卒業論文の発表なら10分前後が一般的でしょうから，十数枚のスライドで脚本を作るのがよいでしょう。会社に勤め始めてからは，しばらくの間それほど長いプレゼンはやらせてもらえないと思われますし，10分程度の発表でしたら同様の枚数でいいと思います。

セミナーや講演での30分以上のプレゼンなら，われわれは10分間で5枚から7枚ほどのスライドを説明するぐらいが適切だと考えています。長いプレゼンですと，聴衆が話に注意を集中し続けるのは困難になります。こうしたときは，20分ないしは30分に1回，それまでのまとめとこれからの話についての概要を述べるスライドを挿入すると，聴衆の注意の集中を促すことができますし，時間の制御もできます。本章の図2.10に比較的長いプレゼンで使ったスライドの例がありましたね。このプレゼンを行ったプレゼンターは，目次で使ったスライドと同じものを途中で挟むことで，いままでの話をまとめつつ，つぎは何の話をするかを聴衆に示したのです。このスライドは，**「始め・終わり・途中の話題の区切れをはっきりさせる」**という意味をもっています。

プレゼンの途中で「それまでの内容」を聴衆に思い出してもらうために，プレゼンター自身が説明する場合もあれば，聴衆に質問をするという場合もあります。後者では，事前にいくつかの質問を準備しておき，頃合いを見計らって，

プレゼンの途中でそれを聴衆に投げかけます。プレゼンが予定よりも早く進んでいるときは聴衆とそれらについて質疑応答を行い，予定よりも遅れているならば自分で答えを説明する，などとすると，時間をうまく制御できます。

2.3.3　緊張の管理

　プレゼンのときは誰しも緊張します。特に経験が浅い間は，緊張の度合いが高いと思います。著者らもいまだにプレゼンの度に緊張します。いろいろと緊張度を下げるために準備はしますが，それでも満足のいくプレゼンはなかなかできないものです。「将来満足のいくプレゼンをできるようになるためにいまプレゼンの練習をしている」と思い込んで，本番のプレゼンに臨むのも緊張を和らげる一つの方法かもしれません。以下に，緊張を管理するために有効な三つの方法について説明します。

①　練習で自信を作る

　緊張を和らげ，自信をもってプレゼンをできるようになるための一番確実な方法は，ひたすら練習をすることです。下野はかつて，まったく人前で話すことができなかった一人の女子学生を指導し，彼女が自信をもって話せるようになるまで，何度も練習に付き合ったことがあります。彼女が人前で発表できるようになりたいと望んでいたからです。人前で話すときに大事なことは緊張に慣れることです。ですから，事前にきちんとした脚本とスライドを作ってから練習をします。しかし，実際にその内容で話してみると，最初に考えた脚本ではうまくいかなくなり修正する場合もあります。修正を重ねてスライドをより完璧なものにするには何回も試行錯誤するしかありません。最初はうまく行かなくても，練習を繰り返せばだんだんと失敗も少なくなり，そして自信がついていきます。何度も練習を繰り返した結果，その女子学生は見事にプレゼンを行い卒論発表を成功させました。彼女は生まれてはじめて人前できちんと話せたと喜んでいました。このように，練習を積めば自信が生まれ，自信が生まれれば成功経験が増えていき，さらにその成功体験を重ねていけば，人前で話すこともそれほどの苦痛ではなくなっていきます。事前の準備と練習をしっかり

行って自信を付ける。これが緊張を確実に減らすことができる，もっとも確実な方法なのです。

　では，練習を繰り返すときにどのような点に気を付けるべきかを具体的に考えてみましょう。脚本，枠組み，スライドは一応完成した状態であるとします。最初の練習で気を付けることは，

　　・自分がスムーズに話せるようなスライドの順番になっているか

　　・聴衆にとってわかりやすいスライドになっているか

の二つです。スライドとスライドのつながりが悪いときにはスライドの順番を変えたり，それらがうまくつながる論理を探したりします。場合によっては脚本や枠組みを修正することもあります。聴衆にとってわかりにくいと思われるスライドを見つけたら，書き直しましょう。これを数回繰り返します。

　つぎは，

　　・プレゼンを時間内に収める（2.3.2 項）

　　・話の間をとり，抑揚を付ける（2.3.1 項の ①）

を意識して練習をしていきます。ここで，プレゼンが予定された時間よりかなり短くなるか，あるいは超過しそうなら，スライドの数を調整し，少し脚本や枠組みを修正します。ここまで練習して，まだスライドで話す内容を忘れてしまいそうなら，

　　・メモ（2.3.3 項の ② を参照）を準備

しておきましょう。最終的な練習では，実際に立ち上がってそこに聴衆がいることをイメージしながら，表情を含むジェスチャーや視線など（2.3.1 項の ②，③ を参照）を意識しつつプレゼンの練習を繰り返します。自信が付くまで繰り返したら，あとは本番を迎えるだけです。

　さて，ここまでプレゼンの練習の手順について話してきましたが，「準備に十分な時間がとれないときはどうするのだ」という声が聞こえてきそうですね。しかし，ある日突然，ただちにプレゼンを行うよう指示されることはほとんどないでしょう。というのも，聴衆にとって未熟なプレゼンを聞かされることは拷問に等しいからです。プレゼンを行う際は，前もって考える時間，準備をす

る時間が十分に与えられることがほとんどです。それでも時間がないという状況が発生するときは，自分で時間がない状況を作り出していることが多いのではないかと考えられます。もっとも，人間の特性から考えると準備が遅れがちになるのはある意味当然ともいえます。例えば，人間には自分の能力を過大視する傾向があります[7]。自分の能力は高いので，少ない時間でもできるはずだという思い込みがあると，当然準備に取り掛かるのが遅くなります。また，人間はやらねばならないことがあるときに限って，たいして重要でもないことを優先しがちです。これは**現実逃避**と呼ばれる，ストレスにさらされたときの人間の行動の一つです。しかも，筆者らの経験では，プレゼンに自信がない人に限って練習を先延ばしする傾向があるように思います。ですから，自分は準備が遅れがちだと自覚すれば練習への取り掛かりが早くなるでしょう。やり方は決まっています。少しずつ準備して備えましょう。練習を繰り返して経験を積んでいけば，きちんとしたプレゼンを行うのにどれほどの日数や労力が必要かという大体の見込みが立つようになります。

　上記のようなプレゼンに関する練習を，プレゼンをする必要に迫られる前から行うのは難しいですが，日常生活で行える練習もあります。それは，発声の練習や視線に関連した練習です。例えば，自分の声が小さいと感じている人は大きな声で話す練習を，早口で話していると感じている人はわかりやすく話す練習を日頃から行いましょう。視線の動かし方についても，実際のプレゼンでなくてもプレゼンを意識しながら動かすということができます。このような練習をしておけば，実際にプレゼンを行わなければならなくなったときに，プレゼンの内容やスライドの作成に多くの時間を割くことができます。

②　メモを作って安心を得る

　しかし初心者の間は，事前に練習をしっかりしたとしても不安が大きいままかもしれません。そのときは手元にメモを準備しておくという方法があります。メモというのはそれぞれのスライドで一番いいたいこと，忘れてはいけない短文，句，単語（キーワード）を紙などにまとめたもののことです。あるいは，スライド上で説明するほどのことではないけれどもいっておきたいことがある

ときに，忘れそうな単語を書いておくという使い方もできます。何回か練習をすると，自分が忘れやすいことや，強調したいことがわかりますから，それらをもとにメモの内容を考えてください。ただし，長い文で書くと目を通すのに時間がかかりますから，メモは短い文で書くというのが基本です。それぞれのスライドで話すつもりのことを全部書き出したりしてはいけません。そうしたことをきちんと守って作られたメモがあれば，話すことを忘れたとしても，プレゼンの途中で覗けばいいだけですね。メモがあるということで，安心感が増すという利点もあります。

　また，パワーポイントには，プレゼンターの使うコンピュータに聴衆が見る画面には表示されないような形でメモを残す機能もありますから，最初のうちはそれを使うのもよいでしょう。**図2.17**には，かつて下野が図2.13（a）を説明するときに使ったメモを示しています。パワーポイントの「スライドショー」タブの機能の中の「発表者ツールを使用する」にチェックを入れると，プレゼンターのコンピュータ上に図に示すような画面が現れます（PowerPoint

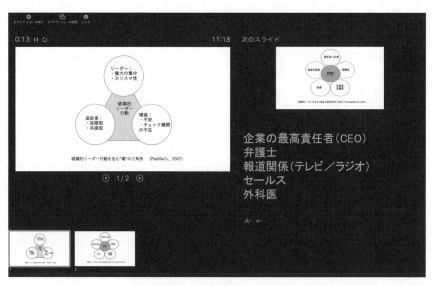

右上のスライドはつぎのスライドである。

図2.17　パワーポイントでメモ機能を使った例

2016での仕様）。図の右側，中央から下にかけて単語が並んでいますが（企業の最高責任者（CEO）以下，五つの単語），これはプレゼンターに見えるだけで，聴衆には見えません。聴衆に見えているのは図の左上に表示されているスライドだけです。この図のメモは破壊的リーダーについて話す箇所で，「カリスマ性」について説明するときに使いました。破壊的リーダーになる可能性がある，サイコパス（心理学ミニ知識2-2）と呼ばれる人々が就きやすいとされている職業に関する説明です。サイコパスと職業の関係は，ある一人の研究者が主張したもので，どれほど妥当性があるかはいまのところ明白ではありませんので，スライドには掲載せず，口頭で説明するだけにとどめました。この図2.17のメモは，キーワードというわけではありませんが，聴衆に伝えたいと思った情報です。

心理学ミニ知識 2-2
破壊的リーダーシップ行動とプレゼン

　社会心理学の研究の中に，リーダーの振る舞いが集団の成績にどのように影響するかについて調べる分野があります。従来は，リーダーのどのような行動が集団の成績を高めるか，つまり「建設的な」リーダー行動が研究の中心でした。しかし最近は，第1章で述べたような「破壊的」リーダー行動が注目されています。そして，そうした研究の中に，リーダーのどのような資質が部下の意欲を奪い，ストレスを与え，精神的に追い込むのかということを追求したものがあります。
　もちろん，多くのリーダーは破壊的リーダーではありません。破壊的なリーダーになりやすい資質の中で注目されている代表的なものは，精神病質者（サイコパス）的行動特性と自己愛者（ナルシスト）的行動特性と呼ばれるものです（本文文献7)）。どちらの行動特性も一言で表現するのは困難ですが，破壊的リーダーシップ行動という観点から見るといくつかの特徴があります。前者では例えば，自分の能力を高く見せるような自己宣伝が巧みであること，ストレス環境の下でも非常に高い抵抗力（レジリエンス，resilience）をもつこと，自分の利益のためには倫理に反することでも躊躇なく行うことなどがその特徴になります。また後者では例えば，自分の能力を過剰に評価しており，傲慢・尊大に振る舞い，（自分の信じている）自分の能力に見合った立場を求めることなどが特徴になります。

　前者は不安に対する感度が低いため，後者は自分の能力に関する過剰な自信から
リスクの高い目標を掲げますが，ある種の追従者にとってはそれがリーダーとし
ての魅力となります。これらのリーダーは短期間の在任だと魅力的ですが，長期
間だとトラブルを起こす可能性が高くなります。彼らが抱える大きな問題は二つ
です。最初の問題は，両者とも自分以外の人間，すなわち他者には興味がないと
いう点です。サイコパスは自分の利益のために，ナルシストは自分を偉く見せる
ために，追従者や関係者を脅したり，騙したり，辛い目に合わせても，それが倫
理的に見て好ましくないことだと感じません。他者の苦痛よりも自己の欲望を優
先しますので，最終的には追従者の信頼を失う傾向にあります。もう一つの問題
は，彼らは高い目標を掲げることはできますが，それを遂行するための地道な努
力をする能力に欠けるという点です。

　さて，サイコパスもナルシストも自分の能力を高く見せるのがとても上手だと
書きました。ということは，じつは彼らはとてもプレゼンが上手なのだと考えら
れます。前者は不安や恐怖をとても感じにくいですし，自分の利益になるために
他者を制御する能力に長けています（その能力がどのようにして得られるのかは
まだよくわかっていません。わかればプレゼンにも応用できますが）。また，後
者は自分の能力が高いと信じていますから，プレゼンをすることをそれほどスト
レスには感じないと考えられます。彼らは高い能力を示して，他者を凌ぐことに
限りない喜びを感じますから，よくプレゼンの練習をします。結果として両者と
もプレゼンが上手なのです。例えば，伝説のプレゼンターであるスティーブ・ジョ
ブスがサイコパスであったと主張する人もいます[1]。そういえば，あのアドルフ・
ヒトラーも演説が上手かったとか…。

　最後に一つ付け加えます。サイコパスという専門用語が含む行動特性は，破壊
的リーダーシップ行動と関連したものばかりではありません。犯罪者に関連した
ものもあります。サイコパスに関しては，いくつか読みやすい翻訳本が出ていま
すので，興味をもった方はそちらを参照してください。

引用・参考文献

1)　中野信子：文春新書「サイコパス」，文藝春秋（2016）

③　考え方を変える

　初心者がプレゼンのことを考えるとき，緊張を感じるのは当然のことです。
自分の能力を試されるような場面になると，人間の体は緊張してストレスホル
モンを出します。進化の過程でそのようにできあがってしまいました。少数の

例外の人を除き（心理学ミニ知識2-2），プレゼンに緊張を感じるのは普通のことなのです。そして，ストレスに対抗する方法はすでにいくつか知られていますから，それらを組み合わせれば，緊張感にも対応できます。

　ストレス対処法には，例えば有酸素運動（水泳や呼吸法など），考え方（認知）を変えるといった方法があります。ですが，体を動かすストレス対処法についてはネット上にさまざまな方法が説明されていますので，本書では詳しく述べません。ここでは，後者の「認知を変える」という対処法についてのみ考えたいと思います。しかし，本当に考え方を変えるというような方法だけでストレスに対抗できるのでしょうか？　「はい，できます」ということを示すために，ハーディ（Hardy）と呼ばれる人々について説明しましょう。彼らはつねに楽観的にものごとを考え，ストレスを引き起こすようなことが起きても，それを自分の脅威ではなく自分の可能性を広げるもの，自分の能力を高めるものというふうに考える特徴があるとされています[2]。ハーディ（と思われる人）のエピソードに，数時間列車の中に閉じ込められた際のテレビのインタビューに対して，ほとんどの人がもううんざりだと答えた中，一人だけ「自分の人生の中でこんな経験は初めてだ。いい経験になった。」という反応をしていた[2]というものがあります。このように考えることができる人は，確かにストレスが少なそうですね。つまり，同じことを体験したとしても，それぞれの人の考え方によってはストレスになったりならなかったりするというわけです。

　この，ハーディの人の考え方をプレゼンに応用すると，「プレゼンを経験することは自分を高めることになる，というふうに考えましょう」となります。人間にはそれぞれ考え方の個性がありますから，急にそんなふうに考えろといわれても難しいでしょうか。ではこんな方法はどうでしょう。プレゼンに緊張するのは当たり前ですから，あえて自分で自分を見つめてみて，「自分は緊張しているのだな」と再確認してみるのです。これは緊張した自分を意識しすぎて，さらに緊張してしまうという悪循環を防ぎ，自分を客観的に眺める「知性化」と呼ばれる方法です（図2.18）。筆者らが最もおすすめなのはこの知性化です。この方法なら，難しいことをする必要もなく，ただ自分を眺めるだけで

緊張したときは，緊張している自分（もう一人の僕）
と対話するのも一つの方法である

図2.18　知性化の例

す。そして，自分を客観的に眺めたあとに，自分のプレゼンの目的を思い出し
てください。緊張に集中してしまうのではなく，プレゼンの目的に集中するの
です。失敗を恐れる必要はありません。もし満足なプレゼンができなかったと
しても，それもまた経験です。失敗を分析して，つぎのプレゼンのために生か
せばいいだけのことなのです。

　頑張りましょう。

　2.3 節のテイクホームメッセージ
  ・プレゼンのときには，話し方，ジェスチャー，目線にも気を配り
　　ます。
  ・プレゼンの時間によって，スライドの枚数を決めます。
  ・プレゼンは十分に練習し，その緊張感を楽しんでください。

3. プレゼンへの第一歩：挑戦編

　第1章で述べたようにプレゼンの準備において大事なことは，どんなメッセージを伝えるか，そのメッセージを支える材料をどんな脚本で，どんな枠組みで提供するかということです。いろいろなタイプのプレゼンがあるので，第1章で説明した枠組みやスライドの例を使えばすべてのプレゼンに応用できる，というわけではありません。しかしこの第3章では，「このような条件のときにはこう考える」という例をいくつか示すことで，論理的なプレゼンに共通する考え方を示すことができる，とわれわれ著者は考えています。本章で取り上げる脚本，枠組み，スライドの例は，卒業論文のプレゼン（実験系），会社内でのプレゼン（提案型），会社外でのプレゼン（講演）です。そして，これら三つの例のうち，1番目と2番目は比較的少数の聴衆を前にした短時間でのプレゼンを，3番目は比較的多くの聴衆を前にした長時間のプレゼンを想定しています。さらに本章の最後では，プレゼンに必要な，代表的な発想法や論理の進め方などについても説明します。これらの知識を身に付けておけば，プレゼンの基本の習得に役に立つことでしょう。

3.1　脚本と枠組み

　第1章で，枠組みとスライドの関係はIMRADとパラグラフの関係に似ていると書きました。論文をIMRADとパラグラフが支えているように，脚本を枠組みとスライドが支えています。**図3.1**を見てください。図では脚本が四つの枠組みからなり，それぞれの枠組みがいくつかのスライドから構成されてい

それぞれの枠組みはいくつかのスライドからなっている。

図3.1 プレゼンの脚本の構成

ることを示しています。この図は論文の構造を示した第1章の図1.6, あるい
は図1.7とよく似ていますね。もちろん枠組みの数やスライドの数はプレゼ
ンのタイプでいろいろです。しかしどのようなプレゼンであっても，脚本をど
うするか，枠組みをどうするかを考える中で，それらを図に示した箱（四角形）
で表現し，それに名前を付ける作業が必要なのです（第1章を参照）。すなわち，
脚本に従って四角形の数や内容を自分で決め，そのつぎに細かいスライドの内
容を考えていく手順は，どのようなプレゼンでも同じなのです。では，脚本や
枠組みをどう作っていくかの具体例を見ていきましょう。

3.1.1 卒業論文の場合：実験研究の例（仮説演繹型）を中心に

あなたが卒業論文を発表するとき，聴衆のほとんどは先生あるいは学生です。
このうち，先生はあなたのプレゼンの内容に比較的詳しい方々でしょうが，ほ
とんどの学生はそうではないと考えられます。この場合，どちらの聴衆に合わ
せるかによってプレゼンの内容が変わります。われわれは，卒業論文発表のプ
レゼンの対象は学生とする，という立場をおすすめします。よく知らない人に
対してわかりやすいプレゼンを作るという姿勢は，プレゼンの技術を高めるの
に有用です。

それでは以下に，研究結果を報告するプレゼンの脚本を四つの枠組みで考え

た例を示します（**図 3.2**）。仮説演繹型の実験研究の発表形式です。仮説というのは「仮の説」で，正しいか誤りかは断定できないけれども，とりあえず正しいと思われる説のことです。また，演繹というのは「その考えが正しいとすればこうなるはずだ」という論理で結論まで達する議論の方法です。したがって，この型の発表形式は，「この問題に，この仮説を立てて実験し，結果はこうなり，こう解釈できる（応用できる）」という脚本になるはずです。いいかえれば，「研究の理由→実験方法→実験結果→議論」というような脚本です。

図 3.2 仮説演繹型プレゼンの構成例

① 研究の理由

枠組み ① は「研究の理由」と名付けました。ここでは実験，あるいは調査を行った理由を述べます。この枠組みの中では，

1. 扱った問題の重要性を指摘する
2. 従来の研究を述べ，わかっていることとわかっていないことをはっきりさせる
3. 自身の研究の重要性を説明する

という順序で話を進めるのがいいでしょう。仮説演繹型では，すでにその問題についての研究がなされていていくつかの仮説があることが一般的ですので，それぞれの仮説の特徴と違いがわかるように説明します。自分の仮説を提案することもあるでしょうが，そのときにはその仮説がほかの仮説よりも妥当性があることをしっかりと説明してください。

また，枠組み ① ではプレゼン全体を理解するのに必要な概念や知識も説明

します。説明した概念や知識は議論の部分（枠組み ④）と対応させます。枠組み ④ において「結果はどのような意味をもつか」を説明するときに，新しい用語を使わないようにするためです。いいかえると，最初の枠組み ① で，そのプレゼンで使う用語をすべて定義しておくということです。

　さらに，枠組み ① を考えるときは，自分の研究の「売り」はなんなのかを考えることが大事です（1.1.3項）。さて，その「売り」は，

・発見したこと（結果）

・あなたの仮説の新しさ

・装　　置

・分析法

・解　　釈

のどれでしょうか。どれを強調するかで，脚本が違ってきます。ということは枠組みやスライドも変わってくるということです。

②　方　　　　法

　枠組み ② は「方法」と名付けました（図3.2）。ここでは実験，調査のために用いた方法を説明します。ただし枠組み ② で説明する装置，資料，分析法などの項目をどのような順番で説明するかは各分野によって異なります。先生や先輩に相談して，それぞれの分野の決まりごとに従ってください。またあまり聴衆に馴染みのない装置や分析法などを説明するときには，グラフやイラストを使って表現するのがいいでしょう。もちろん細かいところまでは聴衆には見えませんので，ざっくりと見てもわかるようなグラフやイラストにすることが大前提です。見やすいイラストやグラフの作り方は2.1節で解説しましたね。

　また下野の経験ですと，卒業論文の発表会のときに，使ったプログラムコードの一部をスライドで提示する学生を一定数，毎年見かけます。いくつかの例外（例えば聴衆のほとんどがあなたの使ったプログラミング言語や用語に詳しいなど）を除いて，そのようなことをしてはいけません。プログラムは小さい文字で提示されることが多く見にくいうえに，短時間ではほとんどの聴衆がプログラムの内容を明白には理解できません。聴衆が理解できないものを提示し

てもそれはプレゼンターの単なる自己満足であり，聴衆にとっては何の意味も
ありません。限られた時間の中でそのようなことをすると，その研究自体やプ
レゼンター自身の評価を下げますので，自戒してください。

③ 結　　　果

枠組み ③ は「結果」と名付けました（図 3.2）。ここでは行った実験等の結
果をできるだけわかりやすく説明します。第 2 章で説明したグラフ・表・イラ
ストをうまく使って見やすいスライドを作る努力をしてください。複雑なグラ
フ・表・イラストは用いないこと，テキストの文字の大きさや配置など，気を
配るべき点は多々あります。また，「避けるべき図，表，文」については第 2
章の冒頭でも述べましたが，大事なことなので該当箇所をもう一回読み直して，
自分の結果の書き方が「悪い」書き方でないかを確認してください。実験的な
研究の場合，データの意味を聴衆に理解してもらうことはとても大切なことで
す。

④ 議　　　論

枠組み ④ は「議論」と名付けました（図 3.2）。ここでは，さきに述べた結
果を簡単にまとめ，その意味を聴衆に説明します。そしてそのときには，枠組
み ① の「なぜ実験したか」に対応させて説明をする必要があります。この枠
組みでは，

・結果が仮説と一致しているかどうか

・その結果をどう解釈しているのか

・結果にどんな理論的な意味があるか

・どのような応用可能性があるか

・今後どのような研究が可能か

などについて議論を行います。仮説演繹型では「こうなるはずだ」という予測
がありますから，結果が予測と一致したか，矛盾したかを議論することが最初
になります。もっとも，部分的に一致したりしなかったりなど，必ずしも明白
な結果が出るとは限りません。そんな場合どう解釈するかはプレゼンターの腕
の見せどころです。

　もちろんすべての実験研究が仮説演繹型で行われるわけではありません。例えば、「どうなるかわからないけれど興味があって行った実験」で、こんな発見をした、という研究もあります。そのような場合、「私の発見はいままでの常識を覆していて、とても重要である」ことをメッセージの中心に据えることになります。ですから上述の枠組では対応できません。このような、いわゆる現象発見型の研究を発表する場合、「何を発見したか」、「なぜその発見が重要か」、「発見に使った具体的な方法は何か」、「今後どう展開するか」といったような枠組みで考えることができます。

　また文学や歴史に関連した研究の場合も本章の例では不適切です。しかし自分の主張を最も有効に伝えられる脚本を考えようとすると、やはりいくつかの枠組みが考えられます。例えば、「研究の重要性」、「自分の視点」、「視点の根拠」、「結論」という名前をもった枠組みはどうでしょうか。いずれにせよ、大事なことは、どのような枠組みを使って、どのような脚本を作れば聴衆に研究の内容を理解してもらえるか、を自分で試行錯誤しながら考えることなのです。

3.1.2　会社内の場合：提案型を中心に

　会社内でのプレゼンでも最初に考えることは聴衆のことです。会社内での聴衆は同僚と上司です。ほとんどの人はあなたのプレゼンの内容に比較的詳しい方々でしょうし、事前にあなたのプレゼンにある程度の知識をもっているでしょうから、初歩的な用語について説明する必要はないと思われます。もちろん話す内容によっては、例えばITに詳しくない上司にIT関係の話をするときには、初歩的な用語から説明する必要があるでしょう。何にしても、上司はあなたの提案を採用するかどうかを決定する人でしょうから、彼らを説得するようなプレゼンをするためには、彼らに理解してもらい、かつ評価してもらえるような脚本、枠組みを作る必要があります。第2章でも書いたように、伝えたいメッセージは同じでも、聴衆によってプレゼンの脚本や枠組みは変わってくるのです。

　ここで、聴衆のことをあまり考慮しなかったためにプレゼンがうまくいかな

かった例を一つ挙げておきます。会社内のプレゼンではありませんが，比較的
短いプレゼンの話ですのでここにふさわしいと考えました。この例は，会社に
導入する会計システムの担当者から聞いた話を脚色したものです。それによる
と，彼は三つのシステム設計会社それぞれに，30分ほどのプレゼンをお願い
しました。そしてプレゼンが始まると，ある一つの会社の担当者は，最初に自
社の紹介に時間をかけました。それが会社の方針だったのでしょうか。もちろ
ん会社の実績を紹介したいという動機も理解できますが，この状況では顧客が
より知りたいのは会計システムの中身です。要求に対して提案をする会社は，
自分たちには顧客の求めることを効率的かつコストをかけずに実現する能力が
ある，ということを示す必要があったのです。残念ながら，この会社の提案は
採用されませんでした。聴衆が何を求めているかをより正確に理解してからプ
レゼンを行なわないと，期待した効果が得られなくなる可能性が高くなります。
相手が何を求めているかはつねに意識すべきです。

　ここからは提案型のプレゼンについて考えます（**図3.3**）。提案型では例えば，
問題を提示し，原因を探し，解決策を提案するという三つの枠組みで考えるこ
とができます。以下では各枠組みを説明したあとに，二つの具体的な例で枠組
みをどう作るかを考えてみます。なお，二つの例ともモデルはありますが，説
明上の設定だと理解してください。

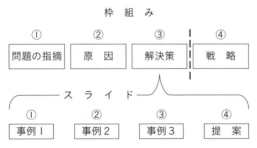

枠組み ④ は解決策の具体案を独立させたものである。

図 3.3　提案型プレゼンの構成例

① 問 題 の 指 摘

枠組み ① は，「問題の指摘」と名付けました。提案をする必要があるということは，現実に何か改善すべき問題があることを意味します。ですから，まずそれを明らかにするのがこの型のプレゼンの常道です。もっとも，提案型のプレゼンでは解決あるいは改善しなければならない問題ははっきりしているでしょうから，そのような現状の例を複数挙げるというやり方もあります。現状に問題が多い場合，**現状報告**という枠組みを「問題」の前に作ってもいいでしょう。複数の例から少数の問題を指摘し，その後改善へ向けて説得力のある策が示せれば，印象の強いプレゼンになります。

問題を指摘するときに大事なことは，なぜ解決，改善が必要なのか，その解決をすることが企業に（あるいは組織に）とってなぜ重要なのかを説明することです。その状況を解決することがどのように「組織の利益」につながるのかを説明しなければ，当然聴衆は話を聞いてくれません。そのプレゼンを聞くことのメリットを最初の枠組みで示しましょう。

例1： 食品会社 A では，今回の新型コロナウイルスの騒ぎで主力商品であるお土産用のお菓子の売り上げが大幅に減り，工場での製品がダブついてしまいました。旅行客が大幅に減り，空港や駅での売り上げが落ちたためです。お菓子ですので長期の保存は望ましくなく，とうとう廃棄を考えなければならない事態になってしまいました。これが解決すべき問題です。担当者はこの問題解決のために，会議で食品廃棄を避けるための提案を行いました。このとき担当者は，彼の提案が廃棄物を少なくできると同時に，自社の企業倫理の高さを世間にアピールできる，というメリットを主張しました。具体的な提案内容は後ほど説明します。

例2： 機械メーカー B では最近，うつ病から復職した男性が自殺をしてしまい，その原因は上司のパワハラであると労働基準監督署が認めるという事態が発生しました。現在（2020年6月）はハラスメント防止のための法律も施行されており，企業倫理上でもそのような問題を放置することはできません。担当部署は，ハラスメントの講演会を行なっていたにもかかわらずこのような

事態が生じたことを考慮し，一歩進んだハラスメント防止策を策定するという提案を行いました。そして，ハラスメントは長期的には企業の業績を低下させうること[1]を説明し，ハラスメント防止は倫理的な問題というばかりではないという点を強調しました。

② 考えられる原因

枠組み②は「原因」としました（図3.3）。ここでは解決すべき問題を生み出した原因について議論します。問題があるということは，何かしらの原因があるはずですから，それを考える努力をするのです。原因が見つかればつぎにそれを解決するための方法を考えることができます。ただ一般論をいえば，原因を見つけ出すことが難しかったり，解決できなかったりもするので，この枠組みが必ず必要だということはありません。けれども原因を探るうちに，対処療法的に問題を改善できる要因が見つかることもあります。その場合は原因とはいえませんが，問題を改善する要因について議論をすることになります。

例1：　食品会社Aの場合，新型コロナウイルスの流行が引き金になって旅行者が減り，学校が休みになるなどして，お菓子の在庫が増えることになりました。これは一見新型コロナウイルスだけが原因のようにも見えますが，環境の変化についていけない組織の問題である，といういい方もできます。または両者が重なって生じた現象ともいえますね。原因の一つである新型コロナウイルスの問題を直接解決することはいまのところできません。しかし，一定程度の時間が経てば工場での生産調整はできそうです。ということは食品廃棄の危機は短期的と予測できますので，その点を考慮して解決策を考えればいいことになります。

例2：　ハラスメントには定義があります[2]。平成24年度の厚生労働省の報告書によれば，日本の労働者の25%が過去3年間に何らかのハラスメントを受けたということです[3]。従来の研究[1~5]からもわかるように，ハラスメントの原因というものは簡単には特定できません。しかし個人のレベルの問題[1),4)]と社風に関連した要因がある[5]ことが知られています。担当部署は原因に関する議論を踏まえ，これらの要因を組み合わせた提案を考えました。

③ 解決策の提案

　枠組み ③ は「解決策」としました（図 3.3）。解決策は具体的である必要があります。ですから自覚しましょうとか，頑張りましょうとか，気を付けましょうとかいうような抽象的な提案は効果を生みにくいと考えられます。例えばさきほどの A 社の例だと，消費者にただ「食品を買ってください」というだけでは効果は期待できそうもありません。消費者に行動を起こしてもらうには，その行動に意味付けをする必要があります。B 社の場合も，具体的な課題が発生したときにただ声高に「パワハラ，セクハラはやめましょう」というような曖昧な提案をしてもあまり意味がありません。止めることの意味を理解してもらう必要があります。

　例 1：　食品会社 A の提案者は解決策を探すために，同じ悩みをもつ他業種や同業他社のやり方に目を配っていました。すると他社の中に，食品廃棄の無念さを訴えて製品の販売に結びつけた例がありました。そこで，A 社は少し出遅れましたが，自社のネット通販を使って，値引きした自社製品を売り出しました。ただしこのときに「食品廃棄を避けたい」ということと，環境に目配りをしていることの二つを世間に積極的に打ち出すことにしました。

　解決策といっても，まったく新しい提案をする必要はありません。そんなに新しいアイデアが転がっているわけではないので，応用可能性のある材料を探して絶えず目を配っておくことが大事です。

　例 2：　機械メーカー B の担当者部署は，まず社内でどれほどのパワハラがあるのかをアンケートを使って調べるという提案をしました。パワハラは一朝一夕に解決できるような課題ではありませんから，会社が本気であるということを示すのが一つの目的であり，アンケート調査からパワハラが生じる可能性をもつ部署を見つけ出すという目的もありました。またパワハラには社風（企業文化）が影響することも知られていますから，取締役会にもハラスメントを許さないという態度をとってもらえるような提案をしました。

　以上のように，解決策は具体的であることが好ましいですから，解決のための手順が具体的に示せるときには手順を説明する枠組みを解決策のあとに設定

することがよくあります。図3.3の場合は「**戦略**」という枠組みを解決策の
あとに付け加えました。例えばA社の例でいえば，どの部署の人間をどのよ
うに新しい仕事に配置するか，それぞれの人間の仕事はどのようなものか，誰
がこのプロジェクトのリーダーシップをとるか，どういう方法で宣伝するのか，
どういうスケジュールで「製品」を販売するのかなどなど，考えなければいけ
ない具体的なことがたくさんあります。これらをスライドにして準備しなけれ
ばなりません。

　最後に一つ補足です。ここまで「問題点を指摘し」とか，「解決策を提案し」
とか書きましたが，一体どうすればそんなことができるでしょう。問題点を見
出し，解決策を考えることは，プレゼンとは直接の関係はありませんが，ある
程度の訓練を行うことで身に付けることができます。その訓練とは，日常生活
においてそのような行動を意識して行うことです。具体的な方法については，
3.3節を参考にしてください。

3.1.3　会社外での場合：講演

　比較的長いプレゼンの場合，いままでの短いプレゼンとは別の気を付けるべ
きことがあります。それは，長いプレゼンにおいて最初から最後まで論理でつ
ながった話を聞くのは聴衆にとって苦痛だろうということです。ですからその
ような場合，聴衆との距離を縮める技術や，聴衆の注意を引く技術を意識して
使う必要があります。中級者や上級者のように「転」を使うことができればい
いですが，初心者にはなかなか難しいでしょう。ですが，ありがたいことに初
心者でも使える方法が2種類あります。最初の方法は，聴衆を「枠組み」の中
に引き込むためのものです。「枠組み」の最初に自分の経験や身近な例をいく
つか述べることで，聴衆の注意，興味を引き，プレゼンターと聴衆の距離を縮
めることができます（1.3節）。また，「枠組み」の途中で聴衆に質問をするこ
とでも同様の効果が期待できます。さらに表情やジェスチャーを工夫すれば，
聴衆があなたの感情を共有してくれるようになります（2.3.1項の②）。そして，
2番目の方法は以下（3.2.2項の⑤）で述べるように，写真や動画などを盛り

込んだキャッチーなスライドを使うという方法です。われわれはこれらのスライドは，聴衆が飽きたぐらいの時間に適宜挿入するのが良いと思っています。

しかし，長いプレゼンでも短いプレゼンでも，最初に考えるべきなのは聴衆のことです。ここでは，著者の一人である吉田が母校で開催された就職についての講演会に呼ばれたときのプレゼンを例に説明します。講演の聴衆は大学2年生と3年生であり，大学の担当者からは，講演では「講師の体験した就職活動と現在の仕事の内容を話し，自分の仕事体験と仕事をどう考えているかを話してほしい」と依頼されました。70分ほどの講演のあと，20分ほどの質疑応答があるプレゼンです。

依頼を受けて吉田が最初に考えたことは，この講演で何を主要なメッセージとするか，です。最終的に選んだメッセージは「社会人は楽しい」でした。このメッセージに込めているのは，「大学でも会社でもいろんな楽しいことがあり（辛いこともあるけれど），会社で働くということは特別何か違う世界に入ることではない。会社で働くことには社会に貢献するという意味もあり，自分なりに工夫して会社や社会に貢献する方法を考え，積極的に人生を楽しんでほしい」，ということでした。特に，実際に企業に勤めた経験のない学生には企業で働くということに不安があるでしょうから，「会社員となること」はあくまで大学におけるさまざまな活動（授業，バイト，趣味…）の延長であって特別なことではない，ということも強調しようと思いました。また，あまりに一般的過ぎて退屈なプレゼンはしたくないので，自分の大学時代，大学院時代の過ごし方や会社での仕事内容，会社の社会的な意味を自分なりに説明することにしました。

このプレゼンは大学の授業「キャリア形成論」の中で行われたものです。プレゼンの**タイトル**（題目）は「食品会社での仕事と中小企業診断士の仕事：社会人は楽しい」でした。題目の紹介に続き，**講演の目標**をスライドにして説明し，さらに**目次**を提示して，聴衆に聞く準備をしてもらいました。つぎはいよいよ内容の説明に入ります。この講演型のプレゼンで吉田が考えたのは以下の四つの枠組みです（**図3.4**）。

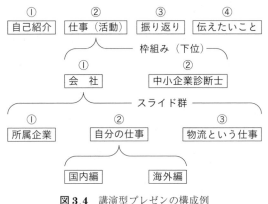

図3.4 講演型プレゼンの構成例

①　自　己　紹　介

　最初の枠組みは「自己紹介」と名付けました。この枠組みで吉田は自分の出身学部，専攻分野を説明し，会社での略歴を説明しました。そして聴衆の学生たちとの距離を縮めるために，彼らと同じ大学の出身であることや，彼らが知っている先生の話をすることにしました。プレゼンの最初にリラックスした雰囲気を作ることが目的です。その後，所属する会社（食品会社）のこと，個人的に行っている活動（中小企業診断士）のことを簡単に話すことで，プレゼンターの職業的な背景の説明をしました。またこの枠組みでは，プレゼン全体を通して，聴衆に理解しておいてほしい用語についての説明も同時に行いました。これらの説明は，つぎからの枠組みの内容を理解するためのつなぎになります。第1章で説明した**つなぎ言葉**と同じ機能です。

②　仕　事　の　説　明

　枠組み②は「仕事の説明」としました。この枠組みでは，自身の仕事の説明を所属企業での仕事と中小企業診断士としての活動に分けて説明しました。その際は聴衆に興味をもってもらうために，写真やイラストを意識して使いました。例えば，会社の仕事の一環として海外に買い付けに行ったときに現地の方々と撮った写真や，取り扱った商品の写真などです。また，新人のときに海

外で仕事をしていたときの失敗談や，中小企業診断士としての苦労話もすることにしました。それから，講演を聞く学生のほとんどが「物流」について学んでいる学生でしたので，食品会社の海外での買い付けの話も加えました。

③ 振り返り

枠組み③は「振り返り」としました。この枠組みでは，吉田のこれまでの経歴を大学時代と就職してから現在までとに分けて，それぞれの期間で自分のことを振り返りました。ただし，聴衆（大学生）が将来を考える際の手がかりになるように意識して話しました。また，就職前後の会社の印象の違い，自分の今後のキャリア（ここでは職業上の専門性という意味で使います）の展望について説明しました。特に最近では，働き方が変わってきており，新人は変化していく労働環境の中で，自分のキャリアをどう磨いていくかを考えておくべきだということを，自分を例にして話しました。

④ 伝えたいこと

枠組み④は「伝えたいこと」としました。伝えるにあたっては自分の経験をもとに，大学生，大学院生，就職活動の三つの時期に分けて話しました。具体的な内容としては，今後のキャリアを考えるうえで，それぞれの時期に学んだほうが良い技術（プレゼンの方法，エクセルやワードなどの使い方，就職を希望する職種に関する資格取得など）を説明しました。ちなみに吉田は就職後，今後の自分のキャリアを考えて，大学院に入って食品流通に関して学び直しました。この件はキャリアの磨き方の一つの例として紹介しました。

3.1 節のテイクホームメッセージ

・プレゼンの脚本はいくつかの枠組みで作ります。

・枠組みに名前を付けます。

・枠組みの名前に相応しい内容を考えます。

3.2　ス ラ イ ド

　脚本と枠組みができたらつぎはスライドです。ここでは最初に，スライドを作るときの基本的な考え方，プレゼンに共通なスライドについて説明をします。さらに，3.1.1項で議論したプレゼンの三つの例を使って，どのようなスライドを使うのが効果的か考えてみたいと思います。

3.2.1　スライドの作成時の基本姿勢
①　一つのスライドには一つの考え

　スライドの内容を考えるときの最も基本的なことの一つは「一つのスライドでは一つの考えしか述べない」ことです。このことはどのようなタイプのプレゼンであっても共通の原則になります。そして，この原則は脚本の中に余計な話を作らないこと，すなわち一貫性（第1章を参照）を保つために重要なのです。例えば卒業論文の発表会で，自分がどれほどたくさん論文を読んだのか，実験やデータ処理ではどんな苦労をしたのか，そんな話をしたいと思うかもしれません。あるいは提案型のプレゼンなら，自分がどう苦労していまの提案にたどり着いたかを話したいと思うかもしれません。しかし多くの聴衆は，普通そんなことは気にしていません。彼らにとって，そのような話題はあなたの主張を妨げるノイズになります。もちろんあなたがスターであれば話は別です。その場合は，聴衆はあなたの話す内容よりも，あなたそのものを目当てにやってきているのですから。

　この「一つのスライドには一つの考え」という法則は，「一つのパラグラフには一つの考え」の法則と原理的には同じです。プレゼンの脚本は枠組みからなり，枠組みのそれぞれはスライドからなっています。逆にいえば，スライドが枠組みのそれぞれを支え，最終的には枠組みが脚本を支えています。そして，そのスライドの一つひとつには意味や考えがあって，その枠組みを支えているのです。一つの枠組みの中に関連のない考えをもったスライドを入れてはいけ

ません。

② 用語の定義を明白に

すでに何回か書いていますが，スライドの作成時に注意しておくべきことの一つは，使う用語をプレゼンの最初に明白に定義しておくことです。たとえ聴衆全員に共有されていると考えられることでも，簡単に定義しておくほうが賢明です。もちろん，あえてあとで定義・説明したいときは，「ここでこの用語は説明しませんが，あとで詳しく述べます」というふうにするか，あるいはスライドに示した用語のあとに「後述」と書いたりして，聴衆に「？」を残さないようにしましょう。ともかく，用語の定義は最初の枠組みか，必要ならそれぞれの枠組みの最初に定義するのが基本です。

③ その他：スライドの数，統一性，具体と抽象の間

スライドの数： 上記二つ以外に，スライドを使ううえで心がけたほうがいい点を三つ挙げます。まずはスライドの枚数です。枠組みが決まればある程度スライドの枚数も内容も決まってきます。ですが，一つの枠組みに多くのスライドを使ってはいけません。一つの枠組みをあまり複雑な論理構成にしないためです。われわれは一つの枠組みに，三つから五つ程度のスライド数が適切だと考えています。ただし，講演などの長いプレゼンの場合，一つの枠組みにいくつかの下位構造を作り，それぞれの下位構造に三つから五つのスライドを準備するという方法もあります。また下位構造のさらに下に下位構造を作るということもあり得ます。図3.4を参照してください。

統一性： つぎはスライドで使う用語，単位，言葉づかい，フォントなどを統一するということです。もちろん，強調のためにフォントを変えるというような例外はあります。ですが原則として，最初に定義した用語が途中のスライドで別の用語になったりしないように気を付けてください。

抽象と具体の組み合わせ： 3番目は，抽象的な説明と具体的な説明を上手く組み合わせるということです。2.2.2項の③では，スライドの文で抽象的な言葉をあまり使うなと書きましたが，例外として最初に抽象的な概念を導入してから用語を使う場合もあります。例えば**図3.5**は，「破壊的リーダー行動」

破壊的リーダー行動

① 専制主義的：部下を下に見て操作しながら，組織の目的を達成しよ
うとする行動

② 脱法的：部下に攻撃的で，組織の目標に反し，詐欺，窃盗，サボター
ジュを行う行動

③ 支持的―不誠実：組織の目標より部下との関係を大事にし，組織か
ら資産を盗んだり，部下のサボタージュを許したりする行動

(Padilla ら，2007)

図3.5 破壊的リーダー行動を説明するスライドの例

（1.2.2項と2.1.3項の ④ を参照）を説明するときに使ったスライドです。こ
のスライドでは最初にその用語を示しておいて，具体的な例を三つ挙げて説明
しています。もちろん逆に，具体的な例をあげてから「このような行動を破壊
的リーダー行動と呼びます」という話の流れを作ることもできます。具体的な
例をあげてから抽象的なまとめをするという方法は，比較的長いプレゼンで使
うと効果的に使えます。例えば聴衆の数人に「リーダーの，迷惑で不快な，あ
るいは好ましくない行動とはどんなものでしょうか」と問いかけておいて，彼
らの答えをまとめながら「破壊的リーダー行動」の説明をすることができます。

3.2.2 共通のスライド

プレゼンの脚本や枠組みに関係なく，どのようなプレゼンにも共通のスライ
ドというものがあります。ここではそれらについて説明します（プレゼンによっ
ては結論のあとに謝辞のスライドを使う場合がありますが，本書ではこれは取
り扱いません。読者それぞれの所属するところで，やり方はほぼ決まっている
でしょうから，それは各自関係者に聞いてみてください）。

① 題   目

プレゼンには題目が必要です。なので，プレゼンの最初に題目とプレゼンター
の所属を示したスライドを聴衆に見せ，説明をしたあとに，内容に入っていき

ます。**図3.6**は吉田がさきほど述べた講演で使ったスライドの一枚目を示しました。題目を比較的大きなフォントで示し，名前と日付を書いています。このスライドでは，2.2.3項の③で示したもののように図と文字を組み合わせています。

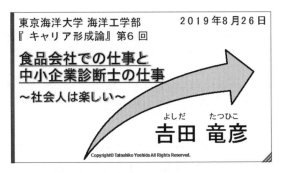

図3.6 題目を掲載したスライドの例

　ここでもう少し，スライドの機能という観点から題目を考えたいと思います。第1章で述べたように，一つひとつのスライドには機能があります。それでは，題目が書かれたスライドの機能は何でしょうか。それは，題目を最初に見せることで，聴衆にいまから何の話をするかを伝えるということです。ですから当然，聴衆にとって専門的すぎて意味がわからない題目，また長すぎて理解しにくい題目を使ってはいけません。第1章で説明したように，プレゼンに関する情報が題目で端的に示されれば，記憶のネットワークが働き，聴衆は話を聞く準備ができるのです。

　では題目を考えるとき，どんなことに気を付ければいいでしょうか。論文の書き方についての教科書の一つ，APA論文作成マニュアル[6]の記述を参考に考えてみます。マニュアルによれば「論文の題目は12単語前後で，略語を使用しないように」とあります。もちろんこれは英文の場合ですが，日本語のプレゼンでも参考になる数字です。また，マニュアルには「題目で論文のテーマが完全にわかることが望ましい」とも書いてあります。ということは，例えば実験や調査について取り扱ったものであれば，どのような要因を操作（要因を

大きくしたり小さくしたりすることでその影響を調べることを意味します）し，どのような結果になったかを理解できるものが良い題目ということになります。われわれは，プレゼンの題目も同様だと考えています。題目の作り方を示すために，以下に四つの例を示しました。

- ・「写真の前においた枠は写真の奥行き感を増す」
- ・「キャリア形成論：楽しい社会人生活」
- ・「平面よりも三次元の見かけの数量は増える：三次元数量知覚」
- ・「社会人生活は楽しいか？」

　例えば，最初の題目は実験で操作した変数（写真と枠の距離）がどうであるか（見かけの奥行き感を増加させる）ということが示してあります。2番目は副題を使ったものです。副題を使うと，主題で大雑把なことを示してプレゼンの内容を印象づけ，そのあとの副題で細かなプレゼンの話題を示すことができます。逆に個別の内容を主題で示し，つぎに副題でその内容の意味を示すといったこともできます。例えば3番目では，主題は実験や調査の結果ですが，副題で結果の意味，解釈を示しています。最後の4番目は疑問文を使ったものです。疑問文は強い印象を残せますが，あまり初心者向けではありません。しかし，聴衆を引き付ける方法としては有効です。疑問文の題目を見た聴衆は，その疑問の答えを知りたがりますので，プレゼンターはその問いに対する答えをはっきりと示す必要があります。

②　目　　　　　次

　目次は必ずしも必要ではありませんが，初心者のうちは目次のスライドを準備することをおすすめします。最初に目次があると，聴衆があなたのプレゼンがどんなふうに展開するのかをあらかじめ知ることができます。そうすると聴衆の頭の中で，結論までの道がうっすらと見えてくるのです。目次を提示するというのは比較的一般的な方法で，特に長いプレゼンの場合には聴衆を安心させる効果があります。また図2.10に示したように，比較的長いプレゼンの場合，枠組みと枠組みの間に目次用のスライドを提示して，聴衆に「いま，プレゼンのどこにいるか」を伝えることもできます。同じ目次スライドを数回に分けて

使うことによって，聴衆はそれまでのプレゼン内容を思い出し，つぎの話に移るための準備をすることができます。

③ 結　　　論

　プレゼンで最後に見せるのは，一般には結論を書いたスライドです。人間の記憶の特性として，プレゼンや講演を聞いたときに，人々の記憶に残りやすいのはその初めと終わりです。心理学的には，それぞれ初頭効果と親近効果と呼ばれます[7]。これらの効果のうち，初頭効果は最初のスライドの情報が長期記憶に保たれるために，親近効果は終わり付近のスライドの情報が短期記憶に保たれるために，生じるとされています（心理学ミニ知識 3-1 を参照）。ということは，題目や目次のスライドで結論やメッセージを述べ，最後のスライドでまた繰り返すようにすれば，メッセージが伝わる可能性はより高くなると予測できます。一方，よほど印象の強いプレゼンでもない限り，真ん中あたりの細かいことはほぼ覚えていないのが普通です。ただし面白いプレゼンだったとか，見やすいプレゼンだったとか，わかりやすいプレゼンだったとかいうような，全体の印象は残りますから，中盤のプレゼンの手を抜いていいというわけではありません。

④ 質問への準備

　ほとんどのプレゼンでは，結論（謝辞）まで話し終わったあとに，質疑応答の時間があります。このとき，聴衆はプレゼンで聞き漏らしたところ，疑問に思ったところを質問してきます。本書では，質疑応答のためのスライドを準備しておくことをおすすめします。そうしたスライドの準備をするためには，プレゼンターは聴衆がどのようなことを理解しにくいと感じるかを想像する必要がありますね。このように考えを巡らすことによって，プレゼンの質が高められることが期待できます。もっとも，聴衆はこちらが予測をしていないところから質問をしてくることもありますし，準備するといってもなかなか大変なのですが。

　ただ，あなたの主張が独特で一般的な考え方とは異なっている場合，聴衆が「何故そのような主張をするのだろうか」と思うのは当然予想されることです。

心理学ミニ知識 3-1
記憶の構成要素

　一般に，記憶は三つの構成要素—感覚記憶，短期記憶，長期記憶—からなると
考えられています。例えば**図**（a）に示すように，五感を通して（目で見たり音
で聞いたりして）得られた情報は，まず感覚記憶に蓄えられます。そこでは
100 msec（10分の1秒）ほどの間，情報が蓄えられますが，そのほとんどは消
えてしまい（消去され）ます。そして情報のうち，自分が注目した（注意を向け
た）もののみが短期記憶に送られます。短期記憶においては，記憶するためにリ
ハーサル（記憶すべき項目を無意識的にあるいは意識的に唱えること）が行われ
ており，行われなかったものについては忘れられます。また，リハーサルが行わ
れた項目はつぎの長期記憶に送られ，長く記憶されることになります。

　感覚記憶の存在は厳密に時間を制限した実験でしかわかりませんが，短期記憶
と長期記憶の存在は比較的簡単な実験で示すことができます。例えば，多数の無
意味綴りを順に提示して覚えさせたあとに，提示された順番に関わりなく思い出

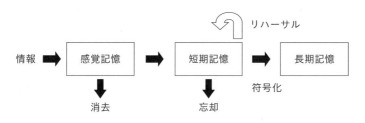

（a）　記憶のモデル

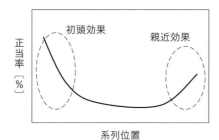

（b）　記憶の再生実験の結果の模式図

図　記憶のモデルと記憶の再生実験の結果の模式図

したものを報告させるような（自由再生）実験です。無意味綴りとはいくつかの文字からなり，意味をもたない文字列です。意味のある単語ですと長期記憶の影響が出るので，意味のない綴りを最初に調べて準備しておくのです。このような実験を行なうと，その綴りが何番目に提示されたかによって正しく思い出される割合（正答率）が異なることが知られています。このような現象は系列位置効果と呼ばれ，一般に，順番が初めの方と終わりの方の材料が中間の材料より正しく思い出されます。図（b）は，カタカナ2文字の無意味綴りを使った実験結果の模式図です。系列位置効果のうち，最初の効果（初頭効果）はリハーサルが行われた情報（記憶表象）が長期記憶に貯蔵された結果であり，最後の効果（親近効果）は短期記憶とリハーサルが影響したと考えられています。

このような場合は必ず，聴衆を納得させるためのスライド，つまり主張の根拠となるスライドを準備してください。また，主張の根拠となるスライドには，プレゼンの最後ではなく本体で使うという方法もあります。例えば，本章の3.1.1項の④や3.1.2項の③における自分の主張の前後で，「皆さんはこう考えるかもしれませんが」と前置きしてから予想される聴衆の質問を先取りして，それから自分の考えの妥当性を主張するというやり方です。どちらの方法を使うかは，プレゼンに許された時間や聴衆の分析によって変わってきます。よく考えて最善の方法を選択しましょう。

　⑤　キャッチーなスライド：**写真・イラスト，アニメーション・動画など**
　写真・イラスト：　写真やイラストは文字と異なり多くの情報を含み，場合によっては見る人の感情（よい，悪い，好き，嫌いなど）を引き起こします。この効果をうまく使えば，同じ内容でも文字より強い印象を与えることができます。例えば，**図3.7**の写真は羊の群れですね。この写真は①の例で紹介した題目「平面よりも三次元の見かけの数量は増える：三次元数量知覚」の研究発表のときに使った図です。この写真を採用したのは，「数を推定する」ことを聴衆に具体的にイメージしてもらうことで，彼らの興味を引き出せると考えたからです。ちなみに図3.7の写真は白黒ですが，実際には色のついた写真を使っています。また，本書まえがきの図0.1も強い印象を与えるために作成したものです。プレゼンを連想させるイラストを作るために，プレゼンター

図 3.7 写真の例

は下野が思う伝説のプレゼンターを，聴衆の犬は某社 CM に登場する「お父さん犬」を連想できるようにイラストレーターに依頼して描いてもらいました。

なお，写真やイラストをネットからダウンロードして使うときには，著作権の問題に十分気を付けてください。

アニメーション・映像： パワーポイントやキーノートなどをお使いの方は，アニメーション機能を使うことで，スライド上の文字やイラストなどを，時間的順序をずらして一つずつ提示することができます。例えば，図 2.11（b）を用いてプレゼンの技術について説明するときに，アニメーションを使うことができます。具体的には，まず図から二つの円とテキストを除いたもの（**図 3.8**（a））を聴衆に見せ，「プレゼンに必要な技術は三つあります。まず，最初の技術は図・イラストの書き方です」といいながら，最初の技術について説明します。それから図 3.8（b）を見せ，「つぎの技術は文の書き方です」とつぎの技術について説明し，そして最後に三つ目の技術「プレゼンターの心得」を説明します。この方法に則ってアニメーションを使っていくと，最終的に図 2.11（b）が完成するのがわかりますね。この方法は，スライドの中で特に大事なことを詳しく説明したいときや，聴衆の理解を確認しながらプレゼンをしたいときに使うことができます。アニメーションを使う方法はまた，図やイラストと文を組み合わせたり（図 2.15，図 2.16 など），あるいは複数の文を

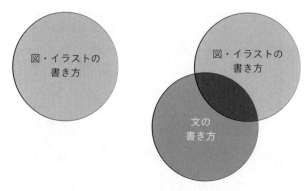

（a） 一つ目の技術の説明　　　（b） 二つ目の技術の説明

図 3.8　アニメーションを使った例：プレゼンの三つの技術の説明

組み合わせたりするとき（図 2.14）にも使えます。ただし，あまり使いすぎると聴衆には煩わしくなりますので，そこは気を付けてください。

　講演のように時間が比較的長いプレゼンの場合は，途中で映像を使うこともできます。パワーポイントなどをお使いの方はプレゼンの途中で動画を見せることができる機能がありますから，それを使って印象的なプレゼンを行うことができます（もっとも，聴衆の多くがその動画を知らないという前提がありますが）。例えば，下野は講演などで労働意欲に関連した「分配公正」（心理学ミニ知識 3-2）という考えを説明するときに，TED（第 2 章）の映像の一部を使います。この映像の後半部分には，サル（オマキザル）が自身の「労働」に対して不公正な扱われ方をする（同じ仕事をしたのに，自分はきゅうりを，隣のサルはぶどうをもらう）とどれほど怒るかを示す動画があります [8]。下野は，不公正への怒りは人間だけのものではないこと，不公正にさらされた人間が怒り，やる気を失うのはとても自然な反応であることを知ってもらいたくて，この動画を使っています。

3.2.3　スライドの構成の具体例

　3.1 節では枠組みを四角形に例えましたが，同じようにスライドも枠で考えることができます。そして，その機能を考えて名前を付けていきます。

心理学ミニ知識 3-2
分配公正

　人間が,「自分はほかの人と同じように公正に扱われている」と感じることは,周りの世界を信頼し,安心して生活をしていくうえで大変重要なことです。公正に扱われていると感じれば,社会に積極的に関わろうという気持ちにもなりますし,職場への愛着,仕事への動機づけが高まります。特に,組織（会社や役所など）において自分が「公正」に扱われていると感じるかどうかは,その組織の活動に大きな影響を及ぼすため,産業・労働心理学や経営学の分野において研究が盛んに行われてきました。

　一般に,自分が組織から公正に扱われていると感じること,いわゆる公正知覚をもたらす要因には,「分配的公正（distribution justice）」,「手続き的公正（procedural justice）」,「相互作用的公正（interactional justice）」の三つがあると考えられています（文献 1）p.421,図を参照）。最初の「分配的公正」は,自分の働きに対して公正な報酬が配分されていると感じるかどうかに関する公正です。例えば,あなたと同じような仕事をしているように「見える」同僚が,給与評価・給与額,昇進・昇格,職務配置等において,あなたより優遇されていると感じたとしましょう。そうするとあなたは怒ってしまってやる気をなくすのではないですか。この感情は本文に登場したオマキザルが示したものと基本的には同じだと思われます。オマキザルと同様,われわれにも,報酬は行った仕事内容に基づくべきだという考え方があるのです。しかし文化によっては,例えば仕事の成績や能力にさほど関係なく,必要としている人に優先的に配分すべきであるという考え方もあります。比較的年齢が上の人は子供を養育する必要があるので,

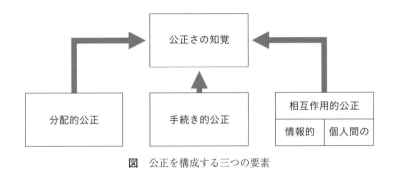

図　公正を構成する三つの要素

それに見合った配分が必要であるという考え方です。どちらの考え方が正しいということはできません。ですがいずれにしろ，職場で働いている人々が「自分は公正に扱われていない」と感じ，労働意欲を失わないような環境を作ることが雇用主や組織のリーダーには求められています。

　2番目の「手続き的公正」は，ある組織で決定がなされたときに，その手続きが公正に行われていると感じられるか，ということです。自分の所属する組織の決定が自分の関わりのないところで行われ，説明もなく，質問もできない，となればその組織に対して貢献しようという意欲を失うのは明らかです。例えば，昇進の基準について明白に説明がない状況で同僚が昇進したとしましょう。あなたはそんな組織のために働きたいですか。嫌ですよね。「分配的公正」と同様に，組織は被雇用者の意欲の低下を招かないように評価基準を明白にする必要があります。手続き的に公正であるにはまた，組織は被雇用者からの疑問や不満があったときに，それに対して質問ができるシステムを準備しておくことが大事です。

　3番目の「相互作用的公正」というのは，被雇用者が，雇用主が自分たちに対して敬意を払っていると感じるかどうかに関連した公正です。例えば被雇用者を一時解雇するとき，彼らの一人一人にきちんとその理由を伝え，話し合いの場を設けるのか，あるいはただ全員に同時に電子メールで知らせるのか，によって被雇用者の公正感は異なります。この公正には二つの側面があるとされており，一つは「個人間公正 (interpersonal justice)」，もう一つは「情報的公正 (informational justice)」と呼ばれています。個人間公正は，被雇用者が尊敬をもって，礼儀正しく，丁寧に扱われるということです。また，情報的公正というのは情報を伝えるシステムが明白で公正かどうか，特に情報を伝える人物が信頼のおける人物で，行った手続きについてきちんと説明するかどうかなどが関連しているとされています。これらの公正が保たれないと被雇用者の労働意欲が低下し，企業の長期的な業績の低下を招きかねないのです。

引用・参考文献

1) Landy, F. J., Conte, J. M. : Work in the 21st century : An introduction to industrial and organizational psychology, John Wiley & Sons (2016)

① 卒業論文プレゼン（仮説演繹型）

　第2章で述べたように，卒業論文の場合，発表会でのプレゼン時間は10分程度でしょうから，比較的短い時間でプレゼンを終える必要があります。プレ

ゼンが四つの枠組みからなっていたとして，そのすべてを 10 分で話すには，単純に考えたとしても一つの枠組みを 2, 3 分で話し終える必要がありますね。となれば，一つのスライドは平均して 1 分ぐらいで話せる内容にすると考えるのがいいでしょう。仮説演繹型の卒業論文の場合は以下のように考えることができます。ここでは 3.1.1 項の枠組み ①「研究の理由」の例をもとにスライドを考えてみます。

スライド 1（問題の重要性）：　聴衆がそれほどあなたのプレゼンのトピックに詳しくなかったとしましょう。その場合，聴衆が最初に聞きたいのは，あなたのプレゼンが自分にとって聞く必要があるものかどうかを判断するための材料です。聴衆は，実験で解こうとした問題や発見した事実がどうして重要なのかを最初に示してもらえなければ，あなたの発表に注意を向けないでしょう。しかし，逆にいえば最初のスライドでその重要性について説得力のある説明ができれば，聴衆に耳を傾けてもらえることになります。

スライド 2（従来の研究）：　一般に，卒業論文のレベルですと，発表者自身が問題を見出したケースはまれでしょう。おそらく，それまでの研究史の中ですでに別の人に見出されたものである可能性が高いと思います。そうすると，従来の研究について簡単に触れないわけには行きません。そうした研究の話をすることは，先人の研究に敬意を払うという意味でも，公正な態度で問題を議論するという意味でも重要なことです。とはいえ，そこまで詳しく説明する必要はありません。あくまでもあなたの研究の重要性をサポートするための説明です。それまでの研究があるにもかかわらず，なぜあなたがこの研究を行ったのかを説明するには，いままでの研究の不十分性を指摘する必要があります。もちろん，自分が歴史上はじめてその問題に着目した場合にはこのスライドは不要です。その代わり，以下のような，今度はあなたが着目したことがなぜ重要なのかを明白に示すスライドが必要になります。

スライド 3（自身の研究の重要性）：　このスライドでは，従来の研究の不十分性を指摘したのちに，自分の研究のどこが新しいのかについて説明します。従来の研究結果の矛盾を説明する考えを思いつき，その考えを検証する実験を

行うこともあるでしょうし，見落とされていた変数・要因を操作して実験することもあるでしょうし，いままでに使われた装置より精度の高い装置を使って研究することもあるでしょう。いずれにせよ，自分の研究の「売り」をはっきりさせるスライドを目指しましょう。ただし，その売りが多数の聴衆にとって「重要である」必要があります。何度もいっていることですが，聴衆に対して「自分のプレゼンの売りは何であるかを考える」という習慣は，プレゼン全般において必要不可欠な習慣といえます。

　もちろん複数の実験を行った場合は，スライドを加えて，実験1では何を，実験2では何をしたかをそれぞれ簡単に説明することもできます。さらに，必要ならば枠組み②の前に「実験で何がわかったのか」を簡単に口頭で（あるいはスライドを使って）述べておいてもよいでしょう。何がわかったかを最初に述べることで，聴衆に事前に簡単な結論を提示し，実験に対する興味を保ってもらうことができます。

②　会社内提案型

　提案型のプレゼンにはさまざまなものがありますから，その分いろいろな枠組みが考えられます。ここでは，少し具体的な事例をもとに考えてみます。3.1.2項の食品会社Aの例を思い出してみましょう。昨今の新型コロナウイルスをめぐる混乱で自社商品の販売が難しくなりました。会社の売り上げが空港や駅での販売に大きく依存していたからです。観光客は減少し，今後しばらくは戻ってきそうもありません。問題ははっきりしています。そこで最初の枠組みでは問題点を指摘します。現状を説明するデータとともに，今後どの程度の売り上げ低下が見込まれるのかをデータを使って**可視化**します。使うのは折れ線グラフがいいでしょう。また，どの程度の期間それが続いたらどうなるかの予測を示してもいいでしょう。この問題点は新型コロナウイルスによってもたらされているのは自明ですから，「原因」の枠組みは簡単に説明するに留めて，つぎの「解決策」の提示をプレゼンの主要な役割にしましょう。

　スライド1（事例1）：　A社の場合，たまたま参考にできる三つの事例がありました。実際に事例を挙げる場合も，三つぐらいがいいと思います。事例

があまりに少ないと聴衆への説得力がありませんし，かといって多いと聴衆の興味が失われる可能性があるからです。Ａ社の場合，最初の事例は「給食用の食品の廃棄の可能性を訴え，ネットで購入依頼を行った」ものでした。こうした事例を挙げる場合，さまざまな基準が考えられます。例えば参考にする事例を古い順，あるいは新しい順で，つまりは時系列順で説明することができます。また，会社の類似性（同業他社から異業種へ，あるいはその逆）をもとに事例を探して提示することもできますし，成功の程度によって事例を並べることもできます。

スライド2（事例2）：　Ａ社のプレゼンの場合，2番目の事例は「イベントの中止で食材を廃棄せざるをえない会社をサポートするために，ネット上で協力をお願いしている」というものでした。事例1でも事例2でも，スライドに使ったものは，ネット上のニュースです。みなさんもつねに新しい情報を捕まえて事例とする努力をしてください。事例は自分の会社の例かもしれませんし，別の会社の事例かもしれませんよ。

スライド3（事例3）：　Ａ社の3番目の事例は，「同業他社で製品を廃棄する可能性を訴え，従来よりも半額程度の金額で売り出している」というものでした。これはユーチューバーに協力を依頼して宣伝をお願いした事例でした。人気のある人物に商品に言及してもらうと売り上げが上がることは，ハロー（光背）効果と呼ばれるものです。これはコマーシャルでよく使われる方法です。人間は一般に，真偽を確認することなしに，自分が好ましいと思っている人々からの話をより受け入れる傾向があります。

スライド4（提案）：　ここでは，スライド1から3までの事例が共通にもっている特徴を捉え，現在Ａ社が抱えている問題の解決にどのように応用できるかを説明し，自分の考えを提案します。Ａ社の担当者は消費者に訴えるのに，ユーチューバーではなく自社のネット販売を使うことを提案しました。このような論理構成は帰納法的な論理展開といえます。例をいくつか挙げて，自分の論理の正当性を主張するやり方です。これについては3.3.2項を参照してください。

③　会社外でのプレゼン（講演の場合）

　講演にはさまざまなものがありますので，ここでは3.2節で述べた吉田の枠組み②「仕事の説明」で使ったスライドを参考にして説明します。講演の場合は，一般的なプレゼンとは異なり時間が長いですから，提示するスライドの数も多くなります。つまり，短いプレゼンだと1枚に1分程度ですが，講演の場合は1枚のスライドにより時間をかけることが多くなります。時間の長いプレゼンの場合，スライドをつぎからつぎへと映し，早いスピードで話をされると聴衆はついていくのに必死で疲れてしまうからです。ときどきでいいので，聴衆がゆっくりできる時間を意識して作ることが大事です。

　枠組み②の場合は，二つの下位の枠組みを考えました。最初のものは現在吉田が働いている会社の仕事についての説明で，もう一つのものは中小企業診断士としての活動の説明です（図3.4）。このように，説明の内容をいくつかの下位構造に分けるというやり方は2.2.2項の②で述べたパラレル構造の考え方と似ています。枠組み②では，聴衆にとって具体的な仕事内容を知ることは重要である，と考えたので，比較的多くのスライドを使って会社の仕事をしっかりと説明しました。以下の例では，スライド一つ一つではなく，いくつかのまとまりに名前を付けています。このように，長いプレゼンではいくつかのスライドのまとまりに名前を付けることもあります。以下は，四つのスライド（群）を使った場合のそれぞれの名前です。

　スライド群1（所属企業）：　所属企業の紹介，組織の説明それぞれにスライドを準備しました。

　スライド群2（自分の仕事―国内編）：　自分が会社で行っている仕事，あるいは行った仕事を二つに分けて説明しました。それぞれの仕事の内容がだいぶ異なっていたからです。具体的には，国内での仕事とバイヤーとしての海外での買い付けの仕事です。スライド群2では国内での仕事について説明し，スライド群2とスライド群3はパラレル構造にしました。国内でのおもな仕事は工場での生産管理の仕事でした。ちなみに，生産管理とは，必要なときに必要なものを，必要なだけ効率的に生産するにはどうするかについて考える仕事で

す。ここでは，臨場感を出すために工場の写真と説明を組み合わせたスライド
をいくつか準備しました。また，生産管理の仕事では現場の方々とのコミュニ
ケーションが重要であることを説明するとともに，コミュニケーションの結果，
自分が励まされたりしたエピソードを話しました。

スライド群3（自分の仕事 ─ 海外編）： バイヤーとしての仕事は，香辛料
の買い付けを行うことでした。買い付けのために海外に行っていたので，世界
地図を使ってどこの国まで香辛料を買い付けに行ったかを説明するスライド
や，現地の人の写真とその説明のテキストを組み合わせたスライド，香辛料の
種類を説明するスライドを準備しました。これらは聴衆に仕事の内容に興味を
もってもらうためのスライドです。ここでも，自分がやりがいを感じた仕事と
そのエピソードについて説明するスライドを作りました。

スライド群4（物流という仕事）： ここでは，物流という言葉についての
説明をしました。スライド群2と3で説明した自分の仕事を「物流」というキー
ワードでまとめることができるからです。海外で調達した香辛料をどのような
ルートで運び，工場でどのように管理加工して，最終的に家庭に届けるのか，
は物流の一つの例です。自分の仕事をまとめると同時に，物流という産業の重
要性を説明しました。

3.2節のテイクホームメッセージ

・一つのスライドには一つの考え（主張）しか入れてはいけません。

・スライドはその機能を考えて作成します。

・スライドも枠組みと同様に名前を考えます。パラレル構造ができ
ないかを考えてみましょう。

3.3 プレゼン以前の基本的知識

　この本ですすめているのは論理的でわかりやすいプレゼンです。また，プレゼンを印象的にするためのいくつかの技術についても説明してきました。本書を締めくくるこの節では，プレゼン以前に知っておいたほうがいい知識を三つ，示したいと思います。それらは，論理的に考えるため，問題を見つけ解決策にたどり着くための基礎的知識です。これらの知識はプレゼンだけに限ったことではありませんが，プレゼンを行う前にぜひとも修得しておいて欲しいものです。

3.3.1　経験科学の手法の応用

①　経験科学的手法

　論理的な思考を身に付けるために，最初にお伝えしたい考え方は，経験科学と呼ばれる学問分野の考え方です。**経験科学**とは，観察することができる現象を生みだす機構（メカニズム）を明らかにする学問分野のことです。なお，観察できるというのは，さまざまな装置（地震計，望遠鏡，顕微鏡，血液検査法など）やテスト（知能テスト，性格テスト，アンケートなど）への反応を使って，現象を測定できるということを意味します。もちろん，その測定装置やテストには根拠が必要です。また，メカニズムというのは現象を引き起こす仕組みのことです。経験科学の中には例えば，自然現象を扱う自然科学や社会現象を扱う社会科学などが含まれます。測定することが難しそうな宗教，理念，正義，思想，芸術などに関する学問は，一般には経験科学には含まれません。**図3.9** に経験科学の手続きを示しました。経験科学では現象が観察されたとき，そこに因果関係を仮定します。そして，因果関係を見つけるためにそれをよく観察し，現象に影響を与えている要因について考えます。そのような要因を大きくしたり小さくしたりできる場合（操作できる場合）には，実験をしたり，調査をします。何回か実験，調査をすると，その現象に対する何らかの説明（仮

図 3.9　経験科学の手続き

説，モデル）を思いつくかもしれません。さらに，その説明から予測されるような現象が実際に起こるかを調べるために，実験や調査を繰り返します。ある程度実験的な事実が積み重なってくれば，現象そのものや現象を発生させるメカニズムが見えてくるかもしれません。これが経験科学に使われる方法です。

　上で述べたように，経験科学では説明を思いついたら，その説明についての予測をつぎの実験や調査で調べる必要があります。いいかえれば，説明 (x) が正しい（真だ）とすれば，あること (y) が予測され，その予測の真偽は実験や調査で調べることができなければならないということです。経験科学的説明のこの特徴は**反証可能性**と呼ばれます。例えば，「りんごが落ちる」という現象を「引力」という概念で説明するとき，その説明が妥当なものだとすると，引力をなくしたり弱めたりするような実験ができれば，「りんごは落ちない，あるいはりんごの落ちる速度が変化する」ということが予測されます。引力が定義できて，なおかつ実験的に引力という要素を検証できるならば，反証可能性があるので，この引力という説明は経験科学的な説明だということになります。

　ですが，「りんごが落ちる」という現象そのものを説明する仮説は必ずしも経験科学的とは限りません。例えば，「りんごが落ちるという現象は神の思し召しの結果だ」という説明は，説明としては十分に成立します。ただし経験科学的な観点から見ると，この「思し召し」仮説は実験や調査で確かめることが難しそうです。なぜなら，この仮説には反証可能性はほとんどありません。神が存在するか否かを証明する手立てはありませんから。ということは経験科学

の仮説として神様の思し召し仮説を持ち出すのは不適当です。

　経験科学で行われる「現象を観察する」という態度は，何も学者だけに特有のものではありません。経済活動を含む日常的な行動の中で問題発見に至るためには大事な態度です。皆さんが誰かに何かを提案するときには，自分で観察してその現象の問題点を発見するか，すでに誰かが発見した問題に自分なりの答えを見つけるかのどちらかですね。誰が発見した問題に答えるにせよ，より良い問題解決策に辿りつくには，その現象をしっかり観察していることが最も大切です。現象を観察して問題発見に至るための大事な事柄については，3.3.3項で述べます。

②　事実と意見の区別

　聴衆に何かを伝えるときに大事なことは，プレゼンターが自分の発言のうちどれが事実で，どれが意見（思想，推論，主張など）であるかをきちんと区別していることです。この区別は他者の主張を正確に理解するときにも役立つ，大事な考え方です。本書では経験科学で使われる事実と意見の区別について説明します。経験科学において「事実」というときには現象（実験結果とか社会的な出来事とか）の記述のことを指し，あとでテスト，実験，調査で真偽（正しいか誤りか）が確かめられるものということになります[9]。真偽のことについてはとりあえず問題になりません。ただし，あとで真偽が調べられるものでなければなりません。「事実について記述する」ことと「記述された内容が正しいかどうかを判断する」ことは別のことなのです。また，経験科学では，「真の事実」を議論の出発点とします。「偽りの事実」を議論の出発点にした場合は，もしその議論が論理的であったとしても，信頼できなくなることははっきりしています。偽である事実から出た推論は普通受け入れません。ところが，世間一般には偽の事実からでた推論が多数ありますから，われわれがプレゼンをするときには気を付けなければならないのです。

　一方，推論とか意見はその事実に対してなされるものです。事実が真で，なおかつ推論や解釈が論理的に行われていれば，それは根拠のある話になります。もちろん，その推論や解釈を受け入れるかどうかはまた別の話です。真の事実

の解釈は一つとは限りません。世間に出回っている「事実」の中には，確かめ
てみることができないもの，「解釈」や「意見」を誤解して事実と考えられて
いるもの，明らかに偽であるものも多くあります。当然，そこからでてきた推
論や意見には根拠がないことになります。プレゼンターは聴衆をだまさないよ
うに，真の事実から出発した議論をすべきです。また，残念ながら意図的にだ
ますつもりのプレゼンもこの世界には多数あることも覚えておいたほうがいい
でしょう。

　「事実には真も疑もある」という考え方は，他者（例えばネット上にいる人）
が事実だとして記述していたとしても，それが必ずしも真とは限らないことを
示しています。事実には真も疑もあるということは，例えばつぎのようなこと
でもわかります。「1967年3月3日，新宿区は1日雨だった」という記述は事
実について述べています。しかしこれだけでは，事実が真（正しい）かどうか
はわかりません。資料を見てみないと真偽に関しては何ともいえませんね。こ
うした事実に関する記述を目にしたときには，真偽が明らかになるときまでは，
とりあえず真の事実として受け入れるかどうかの判断をしないでおくことが賢
明です。ネット上には「… らしい」，「… といわれている」というような表現
が沢山見受けられます。ときには，引用文献がないにもかかわらず，「どこの
誰がこういっている」という記事を目にすることもあります。また，引用文献
はあるけれども，文献の主張を誤って伝えていることもあります。これらにつ
いては正しいかどうかはわかりませんから，プレゼンの議論の出発点とすべき
ではありません。

　また，「事実」が真であっても解釈するときには気を付けなければなりません。
例えばテレビでは，今回の新型コロナウイルスについて感染者数を毎日発表し
て，増えたとか増えないとかの議論をしていました。新型コロナウイルスに罹
患していることを示す検査に妥当性があり，患者数は信頼できるものだと仮定
しましょう。そのとき，例えば「患者数は昨日が30人，今日が30人で，（報
告された）患者数には変化がない」という事実が報告されたとしましょう。し
かしこの事実を「発症している患者数に変化がない」と解釈するのは早計です。

もし発症している患者数の変化に興味があるなら，報告された患者数を検査した人の数で割った比率で考えないと「増えたか増えないか」の議論は難しそうです。さきほどの例ですと，100 人を調べたときの 30 人なのか，1000 人を調べたときの 30 人なのかでは意味が違いそうです。前者では 30 %，後者では 3 %です。ですから，分母を考慮しないで「新型コロナウイルス患者数が増えたか増えないか」を議論するのは問題があると思われます（ここでは，統計的に患者数を推定するときの方法がどの程度信頼できるのかという点については議論しないものとします）。

③　因果と相関の区別

2.2 節でも述べたように，プレゼンを行うときには因果関係と相関関係の区別も大事な知識の一つです。というのは一般に，人間は二つの事柄が同時に，あるいは続けて起こると，一方が他方の原因になった，すなわち二つの間に因果関係があったと考えがちだからです。プレゼンターも聴衆も，このタイプの誤りに気を付けないと，事実の解釈を誤ることになります。

因果と相関の混乱は例えばつぎのようなときに起きます。あるアンケート調査で，「小学 6 年生のうち土日にゲームをする時間が多い生徒は学校の成績が低い」というデータが得られたとしましょう。このとき，「ゲームの時間が多いから成績が低い」という因果関係があるとはいえません。このようなデータに出会ったときには，偶然であるかないかを注意深く考える必要があります。まったくの偶然に，一方の頻度が高くなったときに他方の頻度が高くなる（あるいは低くなる）というようなことも生じます。また，真の原因は別に隠れていて，それが両者に影響を及ぼしている，ということも考えられます。例えば，家庭環境が悪く親が子供のことに気を配らないために，ゲームの時間が多くなって成績が悪くなったのかもしれません。この場合，「親が気を配らない」という要因が成績が悪いことの原因である，という主張もできます。あるいは，成績が伸びなくてやる気が出ないために，ゲームに熱中していたのかもしれません。この考えでは因果関係が逆転していますね。このようにさまざまな可能性を考えていくと，二つの事象の間に因果関係があるとはとてもいい切れませ

ん。しかし，だからといって因果関係がないとも断定できません。ですから，プレゼンターは因果関係と相関関係を明白に区別し，聴衆に誤った情報を伝えないようにする必要があるのです（なお，ここでは例としてゲームの話を取り上げましたが，この例は仮の話で，実際にそのようなデータがあるわけではありません）。

3.3.2　論理的構成への手がかり：帰納法と演繹法

議論に使われる論理にはさまざまなものがあります。高校時代に数学で習った背理法もその一つですが，本節では日常会話でもよく使われる演繹法と帰納法について簡単に説明します。演繹法というのはある一般的な前提，原理，法則から，個別の結論を導きだす方法です。一般的な前提が正しければ，そこから導き出された結論は正しいと考えるのです。この論法のうち代表的なものは三段論法です。例えば

1. 生物は死ぬ。
2. 人間は生物である。
3. したがって，人間は死ぬ。

というようになります。

演繹法の論理は，**図3.10**（a）に示したようなベン図で理解できます。図

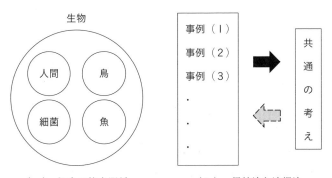

（a）　概念の抱合関係　　　　（b）　帰納法と演繹法

（b）において黒色の矢印は演繹法の考え方を，灰色の矢印は帰納法の考え方を示している

図3.10　概念の抱合関係と帰納法と演繹法の模式図

の外側の円が生物全体を，内側の円の一つが人間を表現しているとしましょう。すなわち，人間は生物に含まれるとします。そうすると生物の一般的な前提，「生物は死ぬ」という記述が正しければ，結論「人間は死ぬ」は正しい推論ということになります。

　この単純な論理はプレゼンでもよく使われます。以下の例は下野が 10 分ほどの短いプレゼンで使ったものです。

> 　そこで私は問いを変えました。それは「戦争はどのようなメカニズムを通して起こるのでしょうか」という問いです。この問いは経験科学的な手法を使うと答えることができます。というのは，戦争が人間の行動の結果だからです。人間の行動は複雑ですが，何らかの因果関係の連鎖の結果です。そこに因果関係があれば，経験科学的な手法で問題が解けるはずです。つまり，私たちは戦争のメカニズムを経験科学的な手法を使って解明できます。もちろん時間とお金がかかるでしょうが。

　このパラグラフの後半部分に演繹法が使ってあります。「戦争は人間の行動の結果である」，「人間行動は因果関係で決定される」，「因果関係は経験科学的な手法で解ける」という前提が正しければ「戦争のメカニズムは経験科学的な手法で解ける」という結論も正しいはずです。演繹法をプロセス図（2.1.3 項の ① を参照）で表現したものが図 3.10（b）です。この図では，ある考えから個別の事例のことに関して結論を述べる論理の展開が左向きの灰色の矢印で示してあります。

　一方，いくつかの例を挙げて議論を進めるのが帰納法というやり方です。これは図 3.10 の説明で使ったような結論「人間は死ぬ」を，死んだ人の例を挙げて導く論理です。縁起でもありませんが，例ということでご勘弁ください。例の一つ目は私の祖母にしましょう。彼女は亡くなりました。そして例の二つ目は … と例を挙げていくと，最終的に「人間は死ぬ」という結論に達します。この論法のときに誤りが生じやすいのは，もし例外があれば結論が成立しないからです。この例でいうと，「不死身の人」がいればこの論理は成立しません。また，帰納法は図 3.10（b）でも説明できます。この図では個別の事例のこ

とから共通の考えを導き出す論理の展開が右向きの黒色の矢印で示してあります。そして，論理の構成という点から考えると，図3.10（a）のベン図は帰納法も説明しています。事例1「人間は死ぬ」，事例2「細菌は死ぬ」…と事例を挙げていって，「生物は死ぬ」という結論に達するやり方です。

　帰納法は，3.1.2項の食品会社Aの例でも使われました。この例では，以下の三つの事例が挙げられ，つぎに共通点が指摘されました。

事例1：給食の廃棄の可能性を訴え，ネットで購入依頼を行った。

事例2：イベントの中止で食材を廃棄せざるをえない会社をサポートするためにネット上で協力をお願いしている。

事例3：同業他社も製品を廃棄する可能性を訴え，従来よりも半額程度の金額で売り出している。

　想像がついた方もいるかと思いますが，共通しているのは，「商品を捨てるのは忍びないので消費者に協力をお願いしている」という点です。この方法は厳密ではありませんが，帰納法的な論理展開です。提案者はその後，「各社ともこの方法である程度成功している」，「たとえ商品すべてを売り捌いたとしても，利益を追求することはできそうもないが，当社も製品を廃棄するようなことは行いたくない」，というように意見を述べてから，自身の問題解決法の提案を行っています。

3.3.3　問題発見法：つねに自問自答する

　ここまでは，プレゼンの脚本や枠組みを作るときには，すでにプレゼンの内容は大体決まっている，という前提で話を進めてきました。しかし例えば，何か問題点を自分で見つけ出して，その解決策をプレゼンせよ，という課題が出されたときにはどうでしょうか。問題点はどうやって見つければいいでしょうか。あるいはどうやれば解決策が見つかるのでしょうか。そんな方法があるのでしょうか。以下は，そうしたことについてのわれわれの提案です。もしあなたが問題点を見つけることや，解決策を思いつくことに有効な方法を身に付けたならば，それはプレゼンの内容を選ぶときの一つの武器になります。もちろ

ん，プレゼン以前に仕事をするうえでも大事な武器になり得ます。逆にいえば，目の前にデータや資料があったとしても（現象を観察したとしても），それをもとに考えるという習慣がなければ，問題点に気づき，解決策を探すことは難しいでしょう。

①　問題発見のトレーニング

解決すべき問題を見つけるためにもっとも大事なことは，見聞きしたことを不思議だなと思い，「なぜ，どうしてそんなことが起こるのだろうか」と考える習慣です。

例えば道を歩いていたとき，日本語，英語，中国語，韓国語の表記がある標識を見つけたとします。何も考えずに通り過ぎても問題はありません。でも「なぜそうしたのだろう」と考えると，「外国人観光客のためだ」ということが頭に浮かんできませんか [10]。

われわれは，この思考法は三つの段階からなっていると考えています（**図3.11**）。最初の段階は，いま自分の周りで生じている現象のうち，何か引っかかる，面白い，不思議だ，と感じることを，記憶に留めておくことです。また，いまの仕事や課題に応用できそうだと感じることも記憶に留めておきます。忘れないように，メモに残すこともいいでしょう。パソコンや携帯に残すのも一つの方法です。抽象的ないい方をすれば，それは周囲の世界に対して好奇心をもつということです。いままでそのような習慣のない方は，思考法の訓練として意識して興味を「もちうる」現象を探す努力をしてください。

つぎの段階は，なぜそんな現象が生じたのだろう，と考えを巡らすことです。そして，これが原因ではないか，という仮説を立てます。このように考える習慣は，現象と原因の因果関係を論理的に考えることの訓

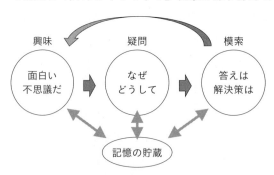

図 3.11　問題解決への思考法の概念図

練になります。さらにつぎの段階では，その仮説から予測されることを実験や調査で調べることができないか，どのような事象の観察やデータがその予測と一致するかを考えます。卒業研究の場合は，実際に実験や調査が行えます。一方，会社でのプレゼンではそれは難しいでしょうが，ネット上に存在する公的なデータや企業が公開しているデータなどを調べることができます。

　もうすこし具体的に考えてみます。少子化が叫ばれて久しいですが，もしあなたがこの問題に興味がなければ，別に何も考えませんね。しかし，仮に興味がなかったとしても漠然と，「少子化になると子どもが少なくなって，働く人が減って，大変そうだ」と考えることから始めてみましょう。観察して原因を考えるということを習慣にしていれば，「少子化とは何か」，「出産率の年度別のデータはどうなっているのか」，「少子化の対策はどのようなことが行われているのか」（以上，現象の観察），「なぜ少子化が起こったのか」，「なぜ少子化は問題なのか」，「なぜいままでの対策が有効でなかったのか」（以上，原因についての仮説），「今後どのような対策が有効なのか」（解決策の検討）と疑問が続くのは自然な流れだと思います。

　自分の身の回りで起こっていることを漫然と受け入れるより，「なぜなのか」と考える習慣を身に付けてください。それが楽しいと思えるようになると，プレゼンも苦にならなくなるでしょう。

② 解決策の模索1（視点の変換）

　問題が見つかったあと，その解決策が簡単に見つかることもあれば，なかなか見つからないこともあるでしょう。では，簡単に見つからないとき，どのようにすれば思いつく可能性が高まるでしょうか。一つの方法は，問題を考えるときの視点を変えることです。例えば，視点Pから問題を見たとき，Aの意見とBの意見が衝突しているように見えたとしましょう。このとき，問題解決が不可能と考えて思考を停止するのではなく，視点を移動させてみます。視点の動かし方の基本は，なるべく広い視野から問題を眺めることです。

　視点の動かし方には2種類あります。最初の方法は，視点の移動をするときに三次元空間をイメージして問題を眺めるという方法です。具体的には，ある

三次元空間の中にその問題が存在する様子を思い描き，自分はそれをなるべく高いところから眺める，あるいはなるべく遠いところから眺めるようにするのがよいと思います。少し遠くから問題を眺めることの利点は，周囲の風景（要因や条件など）が目に入るので，問題解決の手がかりが増えることです。さきほどの食品会社Ａの例でいえば，提案者は近視眼的に問題を眺めるのではなく，少し遠くから眺めることで，異業種の対応，同業他社の様子，新型コロナウイルス収束後の社会の様子などが視野に入ってきたのです。

　視点の移動にはまた，空間的ではなく，時間的に離れた視点から現在の問題を眺めるという方法もあります。過去に現在の問題と類似の問題があり，そちらの問題には解決策が示されているかもしれません。空間的に遠くではなく，時間的に遠くに離れることで，昔の人の知恵をお借りすることができるのです。例えば，アマゾンの創業者であるジェフ・ベゾスは自身の会社の問題解決の方法に，かつてトヨタが用いた改善方式を応用したことで知られているそうです（これはアマゾンジャパン社の社員の方から聞きました）。問題の解決策の手がかりは過去にあるのかもしれません。もちろん視点を過去ではなく未来に向けることでも，発想が得られる可能性はあります。過去にせよ未来にせよ，現在のインターネットという集合知は，多くの歴史的な知恵を私たちに教えてくれることでしょう。

　また，視点を移動することはストレスへの対処法にもなります。目の前の問題を考えることは，視野を狭め，問題解決を難しくする可能性がありますから，ストレスを生みます。その意味で，より遠くから現在の問題を考えることは，目の前の問題を少し離れてストレスを和らげるという効果も期待できます。それに，遠くから問題を眺めるという方法は，第2章で議論した知性化とよく似たやり方です。知性化は緊張してストレスを感じている自分を離れ，なるべく客観的に自分を眺めようとするやり方でした。ストレスから解放されることで，思考に柔軟性が生まれるかもしれません。

③　解決策の模索2（類推）

　視点移動と組み合わせて使う問題解決法に類推があります。類推という言葉

には難しい意味もありますが，ここでは類推とは，自分がいま考えている問題とほかの分野の問題，あるいは歴史上の問題に類似点を見つけ，解決策を探ろうとすることとします。さきほど説明したように，現在の問題を空間的に，あるいは時間的に遠くから離れて考えると，さまざまな分野で生じた問題やその解決方法が見つかります。その中にはいまあなたが考えている問題の解決に応用できるものがあるかもしれません。さきほどの食品会社Aの例で考えると，提案者は問題を少し空間的に離れて考えたおかげで，他業種や同業他社の様子が見えてきたわけです。A社はそれらの様子を真似て，食品廃棄の問題を切り口に，自社製品のことをネット通販を通じて消費者に知ってもらうことができました。これは空間的に遠くから眺めたときに見つかった解決策です。またさきほど述べた，ジェフ・ベゾスがアマゾン社の問題解決にトヨタの改善方式を応用したことも類推です。これは時間軸に沿って遠くから問題を眺め，歴史的に成功した方法を類推で応用した例です。空間軸や時間軸に沿って自分の視点を動かし，アンテナを広げることで，周囲のさまざまなものを学ぼうとする姿勢は，われわれの発想を豊かにしてくれます。

　ここで，著者らは発想法という観点からA社の例をもう少し考えてみたいと思います。今度は時間軸上で視点を動かして，近未来を眺めてみましょう。今後はネットを使った商品の展開が盛んになることが予測されます。よって，A社が生き残るための戦略の一つは，よりネットを通じて消費者に近付くことです。今回の新型コロナウイルス騒ぎで，幸いにもA社にはネット通販が存在することがある程度消費者に認知されました。つぎはA社の過去を眺めてみましょう。A社は比較的古い会社で，まだ古くからの手法でお菓子を作る職人も残っています。この未来と過去を何らかの形で組み合わせることができないでしょうか。一つの発想は，ネットと職人技を組み合わせることです。まず動画を見せるということが思いつきますが，ありきたりなので何かもうひと工夫必要ですね。そこで視点移動です。「組み合わせる」という考えをもったうえで空間的な視点移動を行うと，類推が使えるような新しい情報に出会えるかもしれません。

　この類推という方法は説明にも使うことができます。プレゼンターが何か新しい考えを説明するときに，聴衆がすでに知っている考え方の類推を用いて説明すると受け入れられやすくなります。本書の場合，例えばプレゼンの構造を説明するために，科学論文の構造（IMRAD）を参照して説明していますね。プレゼンの構造が英語論文の構造と似ていると考えて，その類似性をもとにプレゼンの作り方を説明しました。もちろんプレゼンは科学論文の類推でなければならない必然性はありません。もっとよい説明の仕方があるかもしれませんが，それは皆さんへの課題ということにしましょう。

> **3.3節のテイクホームメッセージ：**
> ・事実と意見，相関と因果の区別をしましょう。
> ・論理展開の基本は帰納法と演繹法です。
> ・問題と解決策の発見には好奇心，視点の移動，類推を使います。

　さて，本書ではプレゼンリテラシーの基本について解説しました。本書の主張は，初心者はまず，論理的なプレゼンの仕方を学びましょう，ということでした。第1章では論理的なプレゼンを作るための手続きを，論文の構造になぞらえながら説明しました。第2章ではプレゼンで必要とされる，図・イラスト・表の使い方，文章の作り方について説明しました。また，第2章ではプレゼンをするときの基本的な心構えについても言及しました。第3章では，具体的なプレゼンの例を挙げ，どのような構成にするのが良いか議論しました。第3章ではまた，論理的に考えるための基礎と発想法についても議論しました。「はじめに」でも書いたように，この本の目的は読者にプレゼンの基本的な技術を身に付けていただくことです。われわれは，この本が少しでもあなたの**プレゼン力**の向上に貢献できることを願っています。

引用・参考文献

第1章

1) NHK for school web ページ：https://www.nhk.or.jp/sougou/shimatta/ （2020.12 現在）

2) Landy, F. J., & Conte, J. M.：Work in the 21st century：An introduction to industrial and organizational psychology, John Wiley & Sons（2016）

3) 中溝幸夫, Hiroshi Ono：私の国際交流ノート（15）— 英語論文の書き方, テレビジョン学会誌, **49**, 10, pp. 1373 〜 1377, https://doi.org/10.3169/itej1978.49.1373（1995）

4) Lewis, R. M., Whitby, E. R. & Whitby. N. L.：科学者・技術者のための英語論文の書き方 — 国際的に通用する論文を書く秘訣 —, 東京化学同人（2004）

5) 木下是雄：理科系の作文技術, 中央公論社（1981）

6) 下野孝一：こころの解体新書 心理学概論への招待, ナカニシヤ出版（2006）

7) 荻原稚佳子：意見述べにおける日本人の論理展開についての一考察, 明海日本語, 14, pp. 1 〜 11（2009）

第2章

1) 内閣府：平成29年度国民経済計算のポイント（ストック及び国際比較）, https://www.esri.cao.go.jp/jp/sna/data/data_list/kakuhou/files/h29/sankou/pdf/point_stock.pdf（2020.12 現在）

2) 下野孝一：こころの解体新書 心理学概論への招待, ナカニシヤ出版（2006）

3) Padilla, A., Hogan, R., and Kaiser, R. B.：The toxic triangle：Destructive leaders, susceptible followers, and conducive environments, The Leadership Quarterly, **18**, 3, pp. 176 〜 194（Jun. 2007）

4) Thoroughgood, C. N., Padilla, A., Hunter, S. T., and Tate, B. W.：The susceptible circle：A taxonomy of followers associated with destructive leadership, The Leadership Quarterly, **23**, 5, pp. 897 〜 917（Oct. 2012）

5) 佐竹秀雄：悪文のパターンと出現のメカニズム, 月刊「広報」5月号（1997）, https://www.koho.or.jp/useful/notes/technical/technical01.html（2020.12 現在）

6)　文部科学省：参考資料 12：特別支援教育の推進について（通知），19 文科初第
125 号（2007），https://www.mext.go.jp/b_menu/shingi/chukyo/chukyo3/044/attac
h/1300904.htm　（2020．12 現在）

7)　Chamorro-Premuzic, T.：Why do so many incompetent men become leaders?：(And
how to fix it), Harvard Business Review Press（2019）

第 3 章

1)　Chamorro-Premuzic, T.：Why do so many incompetent men become leaders?：(And
how to fix it), Harvard Business Review Press（2019）

2)　厚生労働省 雇用環境・均等局：パワーハラスメントの定義について（2018），
https://www.mhlw.go.jp/content/11909500/000366276.pdf　（2020．12 現在）

3)　厚生労働省 Web ページ：職場のパワーハラスメントに関する実態調査について，
平成 24 年度報告書，https://www.mhlw.go.jp/stf/seisakunitsuite/bunya/00001657
56.html　（2020．12 現在）

4)　Zeigler-Hill, V., Besser, A., Morag, J., and Campbell, W. K.：The Dark Triad and sex-
ual harassment proclivity, Personality and Individual Differences, **89**, pp. 47 〜 54
（Jan. 2016）

5)　Padilla, A., Hogan, R., & Kaiser, R. B.：The toxic triangle：Destructive leaders, sus-
ceptible followers, and conducive environments, The Leadership Quarterly, **18**, 3,
pp. 176 〜 194（Jun. 2007）

6)　アメリカ心理学会 著：APA 論文作成マニュアル

7)　御嶺　謙，菊池　正，江草浩幸：最新認知心理学への招待 心の働きとしくみを
探る（新心理学ライブラリ 7），サイエンス社（1993）

8)　フランス・ドゥ・ヴァール：良識ある行動をとる動物たち，https://www.you
tube.com/watch?v=GcJxRqTs5nk&feature=emb_title　（2020．12 現在）

9)　木下是雄：理科系の作文技術，中央公論社（1981）

10)　三田紀房：ドラゴン桜，5 巻，講談社（2004）

索　　　引

【あ〜お】

意　見	104
一貫性	27
意味のネットワーク	19
因果関係	106
演繹法	107
円グラフ	39
帯グラフ	40
折れ線グラフ	36

【か〜こ】

箇条書き	49
仮説演繹型	73
感情の表情フィードバック	60
記憶の構成要素	91
起承転結	18
帰納法	107
脚　本	10
キャッチーなスライド	92
緊張の管理	63
経験科学	102
結　論	26
現実逃避	65
現象発見型	76

【さ〜そ】

逆茂木型	28
散布図	38
ジェスチャー	57
時間の管理	61
自己愛者（ナルシスト）的　行動特性	67
自己効力感	7
事　実	104
視　線	61
視点の変換	111
主題文	26
ストレス対処法	69
精神病質者（サイコパス）的　行動特性	67
声　量	56
相関関係	106
速　度	56

【た〜と】

単　文	49
知性化	69
つなぎ言葉	27
ツリー図	44
テイクホームメッセージ	8

展開文　26

【は〜ほ】

破壊的リーダー	67
発　音	56
ハーディ	69
パラグラフ	24
パラレル構造	50
反証可能性	103
凡　例	35
ブレインストーミング	11
プレゼンリテラシー	ii
プロセス図	42
分配公正	95
ベン図	44
棒グラフ	33

【ま〜わ】

目標設定理論	7
問題発見法	109
リスト図	44
類　推	112
連結文	26
枠組み	12

【英・数字】

5W1H	4
Hardy	69
IMRAD 形式	21
parallel construction	50
self-efficacy	7
take-home message	8
TED	58

—— 著 者 略 歴 ——

下野 孝一（しもの こういち）

1978 年 九州大学文学部哲学科卒業
1988 年 九州大学大学院文学研究科博士課程
修了（心理学専攻）
文学博士
1990 年 東京商船大学講師
1991 年 東京商船大学助教授
1999 年 東京商船大学教授
2003 年 東京海洋大学教授（校名変更）
現在に至る

吉田 竜彦（よしだ たつひこ）

2005 年 東京商船大学商船学部交通電子機械
工学科卒業
2005 年 大手食品メーカー 入社
現在に至る
2013 年 東京海洋大学大学院海洋科学技術研
究科修士課程修了
（食品流通安全管理専攻）
2017 年 中小企業診断士登録

プレゼン基本の基本 心理学者が提案するプレゼンリテラシー
Learning how to present：from the most basic of basics
© Koichi Shimono, Tatsuhiko Yoshida 2021

2021 年 2 月 12 日 初版第 1 刷発行 ★

検印省略	著 者	下 野 孝 一
		吉 田 竜 彦
	発 行 者	株式会社 コ ロ ナ 社
		代 表 者 牛 来 真 也
	印 刷 所	壮 光 舎 印 刷 株 式 会 社
	製 本 所	株式会社 グ リ ー ン

112-0011 東京都文京区千石 4-46-10
発 行 所 株式会社 コ ロ ナ 社
CORONA PUBLISHING CO., LTD.
Tokyo Japan
振替00140-8-14844・電話(03)3941-3131(代)
ホームページ https://www.coronasha.co.jp

ISBN 978-4-339-07824-4 C3050 Printed in Japan (柏原)

JCOPY <出版者著作権管理機構 委託出版物>
本書の無断複製は著作権法上での例外を除き禁じられています。複製される場合は、そのつど事前に、出版者著作権管理機構（電話 03-5244-5088，FAX 03-5244-5089，e-mail: info@jcopy.or.jp）の許諾を得てください。

本書のコピー，スキャン，デジタル化等の無断複製・転載は著作権法上での例外を除き禁じられています。購入者以外の第三者による本書の電子データ化及び電子書籍化は、いかなる場合も認めていません。落丁・乱丁はお取替えいたします。